海南雪茄烟种质资源
SNP指纹图谱及身份证

◎ 吕洪坤　张兴伟　刘国祥　等 著

中国农业科学技术出版社

图书在版编目（CIP）数据

海南雪茄烟种质资源SNP指纹图谱及身份证 / 吕洪坤等著. —北京：中国农业科学技术出版社，2021. 4

ISBN 978-7-5116-5146-4

Ⅰ. ①海… Ⅱ. ①吕… Ⅲ. ①雪茄-种质资源-图谱 Ⅳ. ①S572.024-64

中国版本图书馆 CIP 数据核字（2021）第 021083 号

责任编辑　崔改泵　马维玲
责任校对　贾海霞
责任印制　姜义伟　王思文

出 版 者　中国农业科学技术出版社
　　　　　北京市中关村南大街12号　　邮编：100081
电　　话　（010）82109194（编辑室）（010）82109702（发行部）
　　　　　（010）82109704（读者服务部）
传　　真　（010）82109194
网　　址　http: // www.castp.cn
经 销 者　各地新华书店
印 刷 者　北京地大天成文化发展有限公司
开　　本　787mm × 1 092mm　1/16
印　　张　12
字　　数　230千字
版　　次　2021年4月第1版　　2021年4月第1次印刷
定　　价　150.00元

《海南雪茄烟种质资源SNP指纹图谱及身份证》

著者名单

主　著　吕洪坤　张兴伟　刘国祥

副主著　向小华　刘好宝　李方友　林北森　戴培刚

　　　　王琰琰　李　媛

著　者（以姓氏笔画为序）

　　　　王元英　王志德　王琰琰　冯全福　吕洪坤

　　　　任　民　向小华　刘好宝　刘国祥　李　媛

　　　　李方友　佟　英　张兴伟　陈荣平　陈德鑫

　　　　林北森　耿召良　夏长剑　高华军　曹鲜会

　　　　梁滢玥　程钰蕴　蔡　斌　管　辉　戴培刚

前言

雪茄是一种高档的烟草制品，具有较高的经济价值。目前，高端雪茄制作仍采用传统工艺，保持传统风格。雪茄具有劲头大、香气浓郁丰满、吃味醇厚舒适和香苦透甜的特点。近年来，随着社会经济水平的发展和人民消费水平的提高，我国雪茄的消费群体不断壮大，国内雪茄销量急剧增加，国产雪茄产销量也呈现快速增长之势。2014—2018 年，国产雪茄销量年均增幅 40.16%，销售额年均增幅 29.98%，2020 年上半年中高端雪茄销量同期增幅 86.5%，雪茄烟产业已经成为我国烟草行业新的经济增长点，是促进传统卷烟升级、延伸产业链、推动烟草高质量发展的重要途径。

目前，国内雪茄烟市场潜力远未充分挖掘，国产雪茄烟市场规模和产品结构仍有很大提升空间。而且，国产中高端雪茄原料严重依赖进口，国产雪茄烟叶品质与国外优质雪茄烟叶存在较大差距，不能充分满足烟草工业公司对烟叶原料的需求。海南具有类似古巴的自然生态和土壤条件，是雪茄原料生产潜力区域。在此背景下，国家烟草专卖局于 2015 年成立海南雪茄研究所（2017 年更名为海口雪茄研究所），负责雪茄原料研究和雪茄烟产品的开发。

雪茄烟种质资源是进行基础理论研究和雪茄烟育种的重要材料，各地均高度重视其收集编目和鉴定评价。随着分子标记技术和第二代测序技术的快速发展，SNP 标记和基因组学理论、方法不断深入到种质资源多样性检测和指纹图谱构建中。由于 SNP 标记具有覆盖全基因组、通量高、位点特异、共显性遗传、错误率低、开发和检测成本低等诸多优势，将成为高通量种质资源检测的重要标记类型。

本书以海口雪茄研究所收集的 80 份雪茄烟及具有雪茄烟香气风格的其他类型资源为材料，使用 14 对 KASP 标记（基于 SNP位点开发的检测标记），系统构建了各资源的 SNP 指纹图谱及由 28 位数字构成的 SNP 分子指纹特征码。并且在上述工作的基础上，将资源码、SNP 指纹码以及反映种质应用类型的补充码有机结合，构建了 80 份雪茄烟种质资源的条形码和二维身份证。本书实现了雪茄烟种质资源身份识别的唯一性、通用性和可追溯性的统一，对资源品种的质量管理和产权保护具有实践意义。同时，也可以通过遗传相似性比较，为雪茄烟新品种选育及优异资源挖掘提供参考。

本书的出版得到了海南省烟草公司科技项目（201846000024055）的大力资助，在此表示感谢。尽管全体撰写人员为本书付出了极大的艰辛和努力，但因内容较多，时间仓促，加之撰写人员水平所限，书中如有不足之处，敬请广大读者指正，以便再版时修正，使之更臻完善。

著　者

2020 年 11 月

目　录

第一章　雪茄烟种质资源SNP指纹图谱及其身份证的构建方法

科学准确鉴别雪茄烟种质资源的遗传特异性，可有效解决资源重复收集引进、资源同种异名、同名异种以及资源间亲缘关系不清等问题。分子标记是以 DNA 多态性为基础，反映个体或群体间基因组差异的特异性 DNA 片段。SNP 标记作为第三代分子标记，是由基因组中单个碱基变异而产生的 DNA 序列多态性，包括核苷酸替换、单碱基的插入 / 缺失等，具有数量多、分布广、分型简单、适用于大规模试验及等位基因频率易估计等优势，而且能与 DNA 芯片技术相结合进行高通量的检测分析，使试验结果更加准确可靠，是进行种质资源高通量检测的重要标记类型。利用 SNP 分子标记构建雪茄烟指纹图谱，有助于雪茄烟种质资源编目保存、育种亲本选择和优良品种推广应用，将对雪茄烟种质资源管理、品种保护利用及资源评价起到强有力的支撑作用。

第一节　术语和定义

SNP（Single Nucleotide Polymorphism），即单核苷酸多态性。指单个核苷酸碱基的改变，包括置换、颠换、缺失和插入，导致的核酸序列的多态性。在不同个体的同一条染色体或同一位点的核苷酸序列中，绝大多数核苷酸序列一致而只有一个碱基不同的现象。

PCR（Polymerase Chain Reaction），即聚合酶链式反应。一种利用酶促反应对特定 DNA 片段进行体外扩增的技术。该技术以短核苷酸序列作为引物，使用一种耐高温的 DNA 聚合酶，可在短时间内对微量 DNA 模板进行数百万倍的扩增。

引物（Primer）：一条互补结合在模板 DNA 链上的短的单链，能提供 3′-OH 末端作 DNA 合成的起点，延伸合成模板 DNA 的互补链。

DNA 指纹图谱（DNA Fingerprinting）：由于同一家族的小卫星 DNA 重复单位含有相同或相似的核心序列，用小卫星 DNA 作为探针，可以同时和同一物种的多种酶切基因组

DNA 片段杂交，获得具有高度个体特异性的杂交图谱，其特异性像人的指纹一样因人而异，故称为 DNA 指纹图谱。

分子指纹特征码（Molecular ID）：本书利用均匀分布于烟草染色体上的 14 对 SNP 引物组合构建的一组反映某种质资源 DNA 分子特征的基因型组合，并以代码的形式进行表述（由 28 位数字构成）。

种质身份证（Accession ID）：将反映品种身份的基本信息（包括反映品种本质属性的 DNA 分子指纹信息）以数字、条码及图像等进行系统规范和科学表述并作为证实和区别品种种质身份的指证。它具有唯一性、可识别性和可追溯性等特点。

第二节　材料与方法

一、雪茄烟种质资源

本书使用的 92 份雪茄烟种质资源及具有雪茄烟香气风格的其他类型烟草种质资源，具体见表 1.1。将收集到的种质资源进行系统编号，于 2018—2019 年连续 2 年种植在海南省儋州市试验基地，采用常规的田间管理方法，每份材料设 2 次重复，每行 20 株，株行距为 40 cm × 110 cm。田间性状记载按照《烟草种质资源描述规范和数据标准》，每份材料选取 5 株进行性状调查，计算 2 年的平均数为最终鉴定结果。按入库要求在盛花期对各种质的株型进行拍照记录。

表 1.1　92 份烟草种质资源

种质名称	类型	收集区域	收集年份	种质类型	种质名称	类型	收集区域	收集年份	种质类型
HN000128	雪茄烟	巴西	2016	引进	HN000020	晾烟	广西	2018	地方
HN000129	雪茄烟	巴西	2016	引进	HN000021	晾烟	广西	2018	地方
HN000130	雪茄烟	巴西	2016	引进	HN000022	晾烟	广西	2018	地方
HN000131	雪茄烟	巴西	2016	引进	HN000023	晾烟	广西	2018	地方
HN000132	雪茄烟	巴西	2016	引进	HN000024	晾烟	广西	2018	地方
HN000133	雪茄烟	美国	2016	引进	HN000025	晾烟	广西	2018	地方
HN000134	雪茄烟	美国	2016	引进	HN000026	晾烟	广西	2018	地方
HN000136	雪茄烟	印度尼西亚	2018	引进	HN000012	晒烟	黑龙江	2018	地方

表 1.1　（续）

种质名称	类型	收集区域	收集年份	种质类型	种质名称	类型	收集区域	收集年份	种质类型
HN000137	雪茄烟	印度尼西亚	2017	引进	HN000027	晒烟	四川	2017	地方
HN000146	雪茄烟	尼加拉瓜	2017	引进	HN000028	晒烟	古巴	2017	引进
HN000147	雪茄烟	古巴	2016	引进	HN000032	晒烟	海南	2016	地方
HN000148	雪茄烟	古巴	2016	引进	HN000038	晒烟	浙江	2017	地方
HN000149	雪茄烟	古巴	2016	引进	HN000039	晒烟	广西	2017	地方
HN000151	雪茄烟	古巴	2016	引进	HN000040	晒烟	云南	2017	地方
HN000155	雪茄烟	古巴	2016	引进	HN000043	晒烟	重庆	2016	地方
HN000156	雪茄烟	古巴	2016	引进	HN000044	晒烟	海南	2016	地方
HN000157	雪茄烟	古巴	2016	引进	HN000045	晒烟	海南	2016	地方
HN000158	雪茄烟	古巴	2016	引进	HN000046	晒烟	海南	2016	地方
HN000172	雪茄烟	古巴	2016	引进	HN000078	晒烟	吉林	2018	地方
HN000174	雪茄烟	古巴	2018	引进	HN000079	晒烟	湖南	2018	地方
HN000175	雪茄烟	古巴	2018	引进	HN000080	晒烟	广西	2018	地方
HN000176	雪茄烟	古巴	2017	引进	HN000081	晒烟	广东	2018	地方
HN000177	雪茄烟	古巴	2017	引进	HN000082	晒烟	吉林	2018	地方
HN000178	雪茄烟	古巴	2017	引进	HN000084	晒烟	山东	2018	地方
HN000179	雪茄烟	古巴	2017	引进	HN000096	晒烟	黑龙江	2018	地方
HN000180	雪茄烟	古巴	2017	引进	HN000097	晒烟	黑龙江	2018	地方
HN000183	雪茄烟	美国	2017	引进	HN000100	晒烟	四川	2017	地方
HN000184	雪茄烟	美国	2017	引进	HN000101	晒烟	四川	2017	地方
HN000185	雪茄烟	多米尼加	2017	引进	HN000102	晒烟	四川	2017	地方
HN000186	雪茄烟	多米尼加	2016	引进	HN000103	晒烟	海南	2016	选育
HN000187	雪茄烟	多米尼加	2017	引进	HN000104	晒烟	海南	2016	选育
HN000188	雪茄烟	尼加拉瓜	2017	引进	HN000105	晒烟	海南	2016	选育
HN000189	雪茄烟	印度尼西亚	2017	引进	HN000110	晒烟	四川	2017	地方
HN000190	雪茄烟	印度尼西亚	2017	引进	HN000111	晒烟	四川	2017	地方
HN000191	雪茄烟	印度尼西亚	2017	引进	HN000112	晒烟	四川	2017	地方
HN000192	雪茄烟	印度尼西亚	2015	引进	HN000113	晒烟	不详	2017	引进
HN000228	雪茄烟	印度尼西亚	2017	引进	HN000121	晒烟	黑龙江	2018	地方
HN000229	雪茄烟	斯洛文尼亚	2017	引进	HN000122	晒烟	黑龙江	2018	选育

表 1.1 （续）

种质名称	类型	收集区域	收集年份	种质类型	种质名称	类型	收集区域	收集年份	种质类型
HN000230	雪茄烟	挪威	2017	引进	HN000006	烤烟	山东	2016	选育
HN000231	雪茄烟	多米尼加	2016	引进	HN000007	烤烟	山东	2016	选育
HN000236	雪茄烟	印度尼西亚	2017	引进	HN000008	烤烟	山东	2016	选育
HN000014	晾烟	广西	2018	地方	HN000011	烤烟	黑龙江	2018	选育
HN000015	晾烟	广西	2018	地方	HN000123	香料烟	不详	2017	引进
HN000016	晾烟	广西	2018	地方	HN000124	香料烟	不详	2017	引进
HN000018	晾烟	广西	2018	地方	HN000126	香料烟	不详	2017	引进
HN000019	晾烟	广西	2018	地方	HN000127	香料烟	土耳其	2017	引进

二、SNP引物

从前期筛选、验证的 76 对 KASP 标记中挑选出 14 对高多态性引物（表 1.2），用于构建雪茄烟种质 SNP 指纹图谱及身份证。

表 1.2 14 对 SNP 引物信息

序号	引物名称	染色体	物理位置	Ref	Alt
1	CigarSNP01-1	Nt01	20189161	A	C
2	CigarSNP02-2	Nt02	87338587	G	A
3	CigarSNP03-1	Nt03	5854407	A	G
4	CigarSNP03-2	Nt03	20901328	A	G
5	CigarSNP06-1	Nt06	20171212	C	T
6	CigarSNP07-1	Nt07	59134911	C	A
7	CigarSNP08-1	Nt08	68017703	C	T
8	CigarSNP09-2	Nt09	100776	A	T
9	CigarSNP12-1	Nt12	125890111	T	C
10	CigarSNP15-2	Nt15	78242076	A	G
11	CigarSNP18-2	Nt18	61973096	C	T
12	CigarSNP22-1	Nt22	166	T	A
13	CCigarSNP24-1	Nt24	590	T	G
14	CCigarSNP17-1	Nt17	1480	G	A

三、试验方法

1. DNA模板的准备

92 份材料在 5 片真叶期取样，液氮研磨后存入 -80℃冰箱备用。采用 CTAB 法提取基因组 DNA。

2. KASP引物的设计、合成

筛选的 SNP 位点在设计 KASP 引物时需要在上引物 -Primer_AlleleX 的 5′ 端添加 FAM 荧光标签序列，下引物 -Primer_AlleleY 的 5′ 端添加 HEX 荧光标签序列。引物合成交由六合华大（北京）基因科技有限公司合成。

3. PCR扩增

PCR 扩增反应体系见表 1.3。反应条件：94℃预变性 14min；第 1 步扩增反应，94℃变性 20s，61~55℃延伸 60s，10 个 Touch Down 循环（每个循环降低 0.6℃）；第 2 步扩增反应，94℃变性 20s，55℃延伸 60s，共 26 个循环。

表 1.3　反应体系

组分	384Tape
DNA模板	1.5μl
2 × KASP Master mix	2.5μl
KASP Assay mix	0.07μl
水	0.93μl
总体积	5μl

4. 结果分析

反应结束后，采用荧光微孔板检测仪检测 PCR 产物，使用 SNPviewer 读取基因型分型数据。通常将基因型与参考基因组相同的条带的标记为“1”，不相同的记为“0”，缺失记为“9”，构建数列矩阵。

第三节　雪茄烟种质资源分子指纹特征码的构建

为构建身份证，对雪茄烟种质的 SNP 数据进行数字化编码。在 14 个 SNP 标记中共有 10 种基因型，分别为 AA、GG、CC、TT、DELDEL、TA、CT、TG、GA 和 CA，用数字

1~5对碱基A、G、C、T和DEL编码（表1.4）。将每份种质在14个标记上的基因型排列起来，即构建不同种质的分子指纹特征码。例如，种质“HN000128”的14个SNP标记基因型分别为CC、AA、AA、GG、CC、CC、TT、TT、DD、AA、CC、AA、GG、AG，转换成28位的指纹编码为3311112233334444551133112212，其中第1、2位的“33”表示第1个SNP位点CigarSNP01-1基因型为CC，第3、4位的“11”表示第2个SNP位点CigarSNP02-2基因型为AA，其余24位的编码依此类推。

表1.4　部分雪茄烟种质的分子指纹特征码

类别	HN000006	HN000007	HN000008	HN000011	HN000012
CigarSNP01-1	1	1	1	1	5
	1	1	1	1	5
CigarSNP02-2	2	1	1	5	1
	2	2	1	5	1
CigarSNP03-1	1	1	1	1	2
	1	1	1	1	2
CigarSNP03-2	2	1	1	5	2
	2	1	1	5	2
CigarSNP06-1	3	3	3	3	4
	3	3	3	3	4
CigarSNP07-1	1	1	3	3	1
	1	3	3	3	1
CigarSNP08-1	3	3	4	3	4
	3	3	4	3	4
CigarSNP09-2	1	1	5	1	1
	1	1	5	1	1
CigarSNP12-1	4	4	3	4	3
	4	4	3	4	3
CigarSNP15-2	1	1	1	1	2
	1	1	1	1	2
CigarSNP18-2	3	3	4	3	3
	3	3	4	3	3
CigarSNP22-1	4	4	4	4	1
	4	4	4	4	1
CCigarSNP24-1	2	2	2	2	4
	2	2	2	2	4
CCigarSNP17-1	2	2	2	2	1
	2	2	2	2	2

第四节　雪茄烟种质资源身份证的构建

种质资源身份证的构建已从形态标记向高通量分子鉴定技术发展。分子标记不但能够节省常规田间调查和收集整理数据的时间，而且具有不受环境影响、鉴别品种准确和变异极丰富等优点。因此，利用分子标记构建 DNA 指纹图谱进行品种真伪鉴定已广泛应用到作物品种保护中。鉴于方法的稳定和有效性，国际植物品种权保护联盟（UPOV）在 BMT 测试指南草案中已将构建 DNA 指纹数据库的标记方法确定为 SSR 和 SNP。与 SSR 标记相比，SNP 具有针对性强、变异来源丰富和潜在数量巨大等优点。为了更准确、全面地描述品种的身份信息，既借鉴了人类第三代身份证的表达模式，又充分考虑到雪茄烟种质的商品特点，将雪茄烟种质资源的信息、DNA 分子指纹信息及应用类型信息有机结合起来，提出了雪茄烟种质身份证的构建方案。同时，利用软件生成相应的条形码和二维码，有利于实现对雪茄烟种质资源的溯源、追踪和防伪。

参照相关研究，雪茄烟种质身份证主要由 3 部分构成：第 1 部分为资源码，由烟草植物学分类、资源代码、区域码及时间码 4 部分组成；第 2 部分为指纹码，反映种质的 DNA 分子指纹信息；第 3 部分为补充码，反映种质的应用类型。将 3 类数据科学组合、规范排列，构成雪茄烟种质资源身份证（图 1.1）。

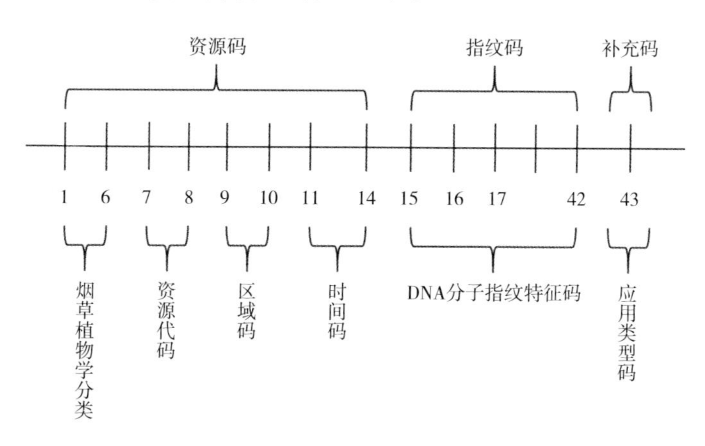

图 1.1　雪茄烟种质资源身份证编码模型

一、资源码

雪茄烟种质资源码由烟草植物学分类、资源代码、区域码及时间码 4 个部分组成，共计 14 位字符。

烟草植物学分类码：第1~6位表示烟草种属的3级分类，烟草为经济作物-茄科-烟属，编码为“040900”。

资源代码：用2位字母表示种质资源类型，第1个字母表示种质类型，引进代码为“Y”，选育代码为“X”，地方代码为“D”；第2个字母表示类型，雪茄烟代码为“J”，晒烟代码为“S”，烤烟代码为“K”，香料烟代码为“X”，晾烟代码为“L”。

区域码：用2位阿拉伯数字表示雪茄烟种质资源收集的区域。国内以各省区市的行政区划代码组成，如海南省为46、山东省为37、黑龙江省为23等，国外以00表示。

时间码：用4位阿拉伯数字表示种质资源收集的年份。

二、指纹码

DNA指纹作为品种重要的身份表征，是品种间区别鉴定的关键。利用14对SNP引物构建的分子指纹特征码（指纹码）表示种质的DNA指纹信息。

三、补充码

补充码表示种质资源的应用类型，茄衣用字母“W”标注，茄套用字母“B”标注，茄芯用字母“F”标注。

四、种质资源身份证的表述形式

将种质的资源码、指纹码和补充码有机结合，构成雪茄烟种质资源身份证。按照中国物品编码相关国家技术标准GB/T 18347《128条码》和GB/T 18284《快速响应矩阵码》的规范要求，通过软件将雪茄烟种质身份证转换成对应的条形码和二维码。利用种质的条形码或二维码身份证标识流通环节中的雪茄烟种子，可实现种质的信息追溯，为雪茄烟种质的科学化和标准化管理提供便利。

以下为雪茄烟种质身份证编码示例：

示例1：“HN000128”的种质资源身份证编码

资源码：040900 YJ00 2016。表示“HN000128”为烟属（040900，经济作物-茄科-烟属），由巴西引进的雪茄烟（YJ00），收集年份为2016年（2016）。

指纹码：3311112233334444551133112212。即“HN000128”的SNP分子指纹特征码。

补充码：W表示“HN000128”的应用类型为茄衣。因此，“HN000128”的种质资源身份证为040900YJ0020163311112233334444551133112212W（图1.2）。

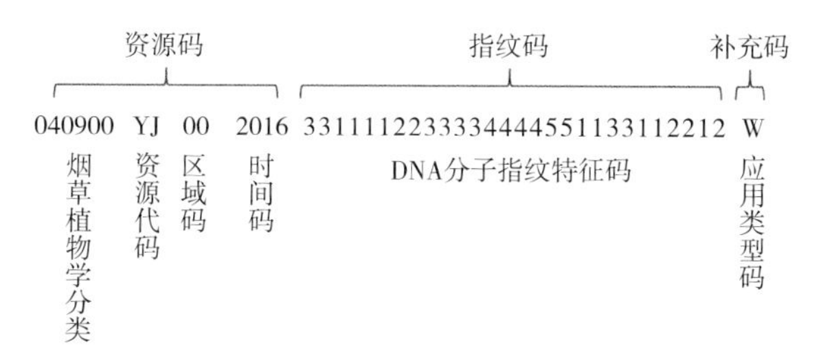

图 1.2 HN000128 的种质资源身份证编码模型

品种身份证的表述形式：利用条码在线生成软件分别生成“HN000128”身份证的条形码（图 1.3）与二维码（图 1.4）。

图 1.3 HN000128 的条形码身份证

图 1.4 HN000128 的二维码身份证

示例 2：“HN000006”的种质资源身份证编码

资源码：040900 XK37 2016。表示“HN000006”为烟属（040900，经济作物 - 茄科 - 烟属），山东省选育的烤烟种质（XK37），收集年份为 2016 年（2016）。

指纹码：1122112233113311441133442222。即“HN000006”的 SNP 分子指纹特征码。

补充码：F 表示“HN000006”的应用类型为茄芯。因此，“HN000006”的种质资源身份证为 040900XK3720161122112233113311441133442222F（图 1.5）。

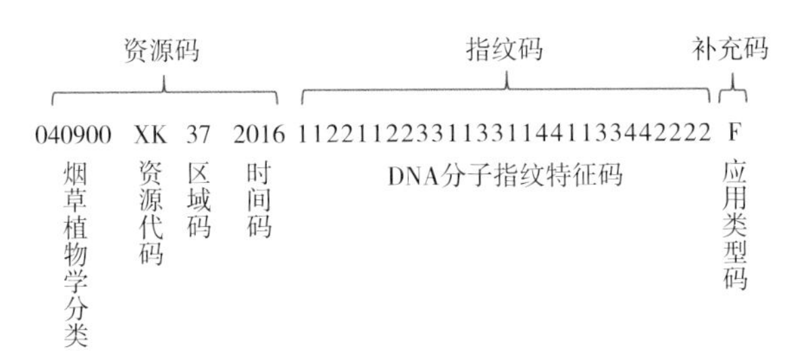

图 1.5 HN000006 的种质资源身份证编码模型图

品种身份证的表述形式：利用条码在线生成软件分别生成“HN000006”身份证的条形码（图 1.6）与二维码（图 1.7）。

图 1.6 HN000006 的条形码身份证

图 1.7 HN000006 的二维码身份证

第五节 雪茄烟种质资源数据库的构建

为便于雪茄烟种质资源信息的采集，可以将雪茄烟品种身份证、指纹图谱、农艺性状特征及来源等信息整合，创建雪茄烟种质资源数据库，建立雪茄烟种质资源识别鉴定和信息查询的网络平台。利用该平台不仅可以进行指纹图谱及种质资源身份证信息的检索、查询和比对鉴定，也可进一步实现对品种试验、生产及销售的全程监督。

一、雪茄烟种质资源SNP指纹图谱

数据库中的指纹图谱均用坐标图表示。横坐标表示使用的 14 对 SNP 引物，纵坐标为基因型编号，左上角指示出种质编号。图 1.8 为 HN000006 的指纹图谱（1122112233113311441133442222）。

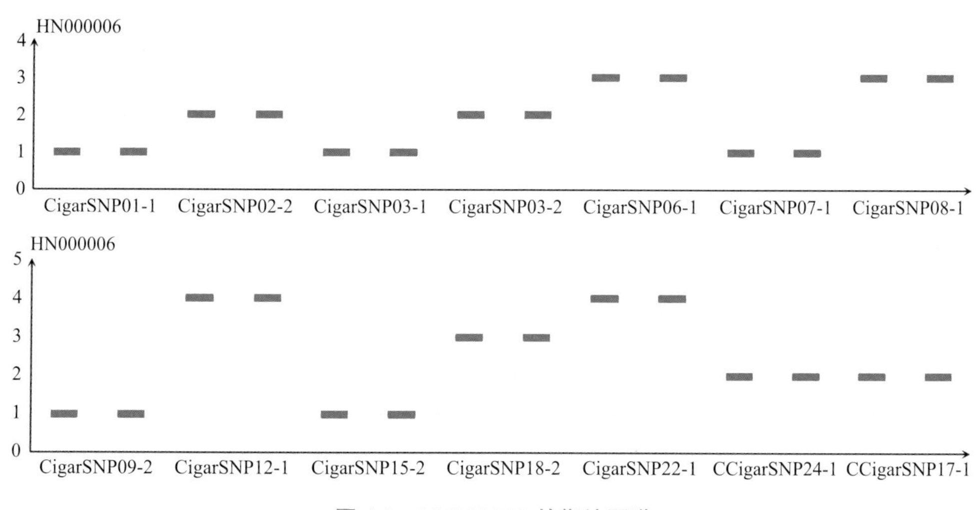

图 1.8　HN000006 的指纹图谱

二、雪茄烟种质资源数据库的功能

雪茄烟种质资源数据库具有以下功能。

功能一：显示种质资源在 14 对 SNP 引物上的指纹分析图片和由 28 位数字组成的分子指纹特征码。

功能二：显示种质身份证条形码和二维码。

功能三：显示种质的来源及主要农艺性状信息。

功能四：可以在网络平台上进行种质差异两两比较和多重比较，查询种质间的遗传相似性。

功能五：根据受检品种的指纹资料，可以快速查找在库种质，确定其是否名副其实，同时找出遗传最相似的在库种质。

雪茄烟种质资源数据库的建立可以实现数据资源的开放共享，为检测单位和育种工作者提供了一个便利的网络数据交换和共享平台，可以为品种选育、试验、管理、评价及仲裁提供技术上的参考和支撑。本书经鉴定剔除重复资源后，共提供了 80 份种质资源数据的静态资料。若进行品种区别和真实鉴定可按附录提供的标准方法。

第二章　雪茄烟种质资源指纹图谱及身份证

HN000128

种质来源：2016 年引进的巴西雪茄烟种质资源。

特征特性：株型筒形，叶面平整，叶形宽椭圆，叶尖急尖，叶缘波浪，叶色浅绿，叶耳小，叶片主脉细，花序密集、菱形，花色淡红，株高 249.80 cm，茎围 7.70 cm，节距 6.24 cm，叶数 35.80 片，腰叶长 40.60 cm，腰叶宽 24.90 cm，无叶柄，主侧脉夹角 53.02°，支脉数 11.20 条，茎叶夹角 31.00°，腰叶下部、中部、上部厚度分别为 0.348 mm、0.334 mm、0.362 mm，腰叶支脉下部、中部、上部粗细分别为 1.338 mm、1.656 mm、0.760 mm，移栽至现蕾天数为 75 d，移栽至中心花开放天数为 80 d。

外观质量：原烟呈黄褐色，成熟度为尚熟，叶片结构稍密，身份适中，油分稍有，色度中，脉叶色泽一致性一般。

适宜类型：茄衣。

分子指纹特征码：3311112233334444441133112212（与下面的指纹图谱相对应）。

种质资源身份证：040900YJ0020163311112233334444441133112212W。

注：经 SNP 分子标记及田间表型鉴定，HN000129、HN000132 与 HN000128 为同一种质。

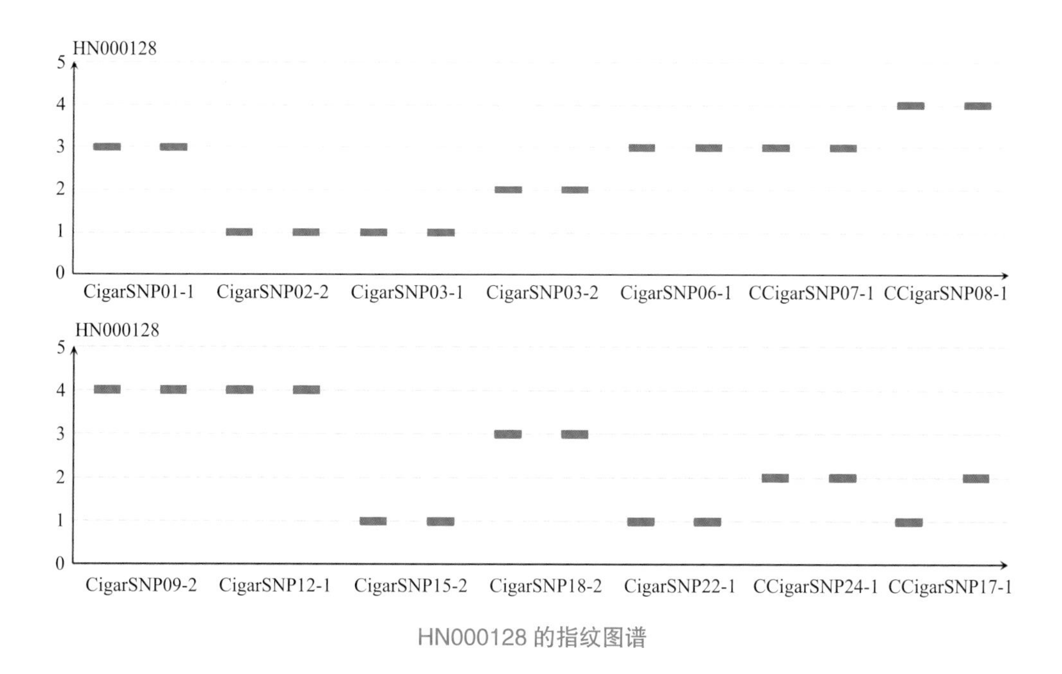

HN000128 的指纹图谱

HN000128 的条形码身份证

HN000128 的二维码身份证

HN000130

种质来源：2016 年引进的巴西雪茄烟种质资源。

特征特性：株型筒形，叶面平整，叶形宽椭圆，叶尖急尖，叶缘波浪，叶色浅绿，叶耳小，叶片主脉细，花序密集、球形，花色淡红，株高 263.80 cm，茎围 7.70 cm，节距 6.80 cm，叶数 36.80 片，腰叶长 43.50 cm，腰叶宽 25.10 cm，无叶柄，主侧脉夹角 54.60°，支脉数 10.00 条，茎叶夹角 28.60°，腰叶下部、中部、上部厚度分别为 0.258 mm、0.308 mm、0.358 mm，腰叶支脉下部、中部、上部粗细分别为 1.332 mm、1.548 mm、0.962 mm，移栽至现蕾天数为 71 d，移栽至中心花开放天数为 80 d。

外观质量：原烟呈黄褐色，成熟度为完熟，叶片结构稍密，身份稍薄，油分稍有，色度中，脉叶色泽一致性一般。

适宜类型：茄衣。

分子指纹特征码：331111223333444444113311221 1（与下面的指纹图谱相对应）。

种质资源身份证：040900YJ002016331111223333444444113311221 1W。

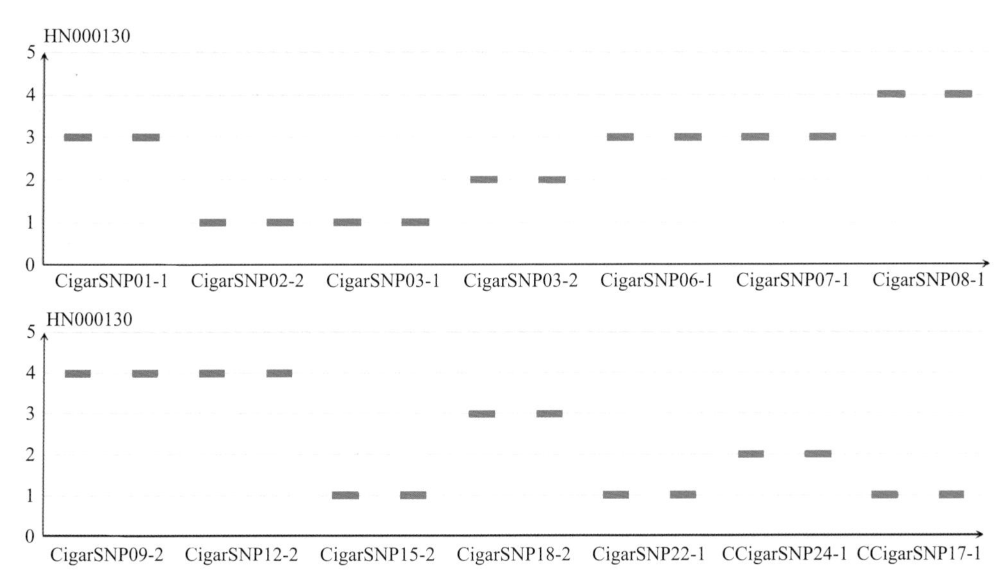

HN000130 的指纹图谱

HN000130 的条形码身份证

HN000130 的二维码身份证

HN000131

种质来源：2016 年引进的巴西雪茄烟种质资源。

特征特性：株型筒形，叶面较平，叶形长椭圆，叶尖渐尖，叶缘微波，叶色浅绿，叶耳小，叶片主脉中等粗细，花序密集、倒圆锥形，花色淡红，株高 234.60 cm，茎围6.60 cm，节距 6.42 cm，叶数 25.40 片，腰叶长 46.70 cm，腰叶宽 26.40 cm，无叶柄，主侧脉夹角 57.40°，支脉数 11.40 条，茎叶夹角 26.60°，腰叶下部、中部、上部厚度分别为 0.398 mm、0.324 mm、0.348 mm，腰叶支脉下部、中部、上部粗细分别为 1.340 mm、1.906 mm、1.028 mm，移栽至现蕾天数为 80 d，移栽至中心花开放天数为 86 d。

外观质量：原烟呈黄褐色，成熟度为完熟，叶片结构尚疏松，身份薄，油分有，色度中，脉叶色泽较一致。

适宜类型：茄衣。

分子指纹特征码：3311222244334411441133112212（与下面的指纹图谱相对应）。

种质资源身份证：040900YJ0020163311222244334411441133112212W。

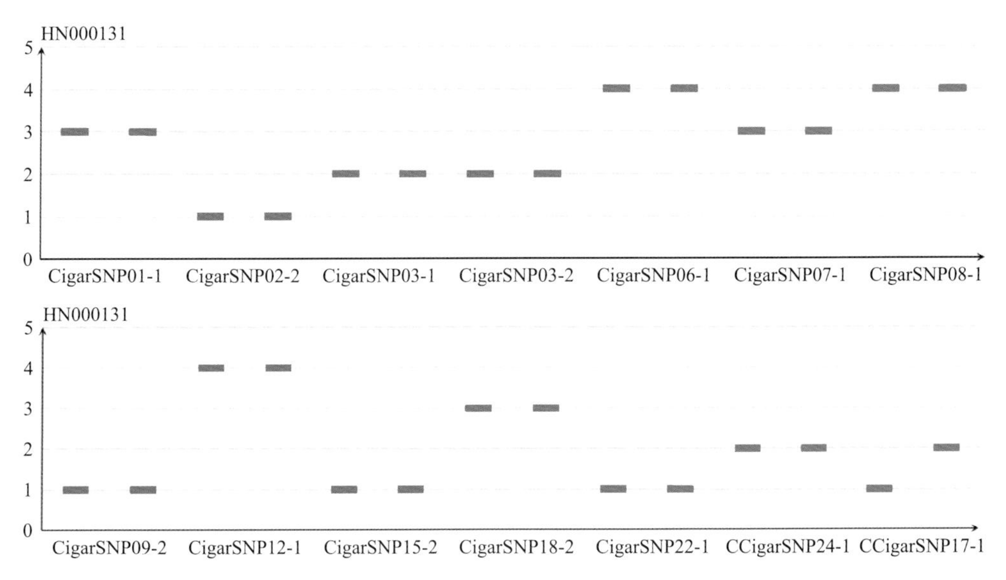

HN000131 的指纹图谱

HN000131 的条形码身份证

HN000131 的二维码身份证

HN000133

种质来源：2016 年引进的美国雪茄烟种质资源。

特征特性：株型筒形，叶面平整，叶形宽椭圆，叶尖急尖，叶缘皱折，叶色绿，叶耳中，叶片主脉中等粗细，花序松散、球形，花色淡红，株高 277.60 cm，茎围 8.60 cm，节距 7.72 cm，叶数 27.40 片，腰叶长 54.30 cm，腰叶宽 33.50 cm，无叶柄，主侧脉夹角 84.68°，支脉数 10.60 条，茎叶夹角 65.34°，腰叶下部、中部、上部厚度分别为 0.264 mm、0.260 mm、0.292 mm，腰叶支脉下部、中部、上部粗细分别为 1.924 mm、1.914 mm、1.328 mm，移栽至现蕾天数为 68 d，移栽至中心花开放天数为 74 d。

外观质量：原烟呈黄褐色，成熟度为完熟，叶片结构尚疏松，身份薄，油分多，色度强，脉叶色泽一致。

适宜类型：茄衣。

分子指纹特征码：3311112244334411441144442212（与下面的指纹图谱相对应）。

种质资源身份证：040900YJ0020163311112244334411441144442212W。

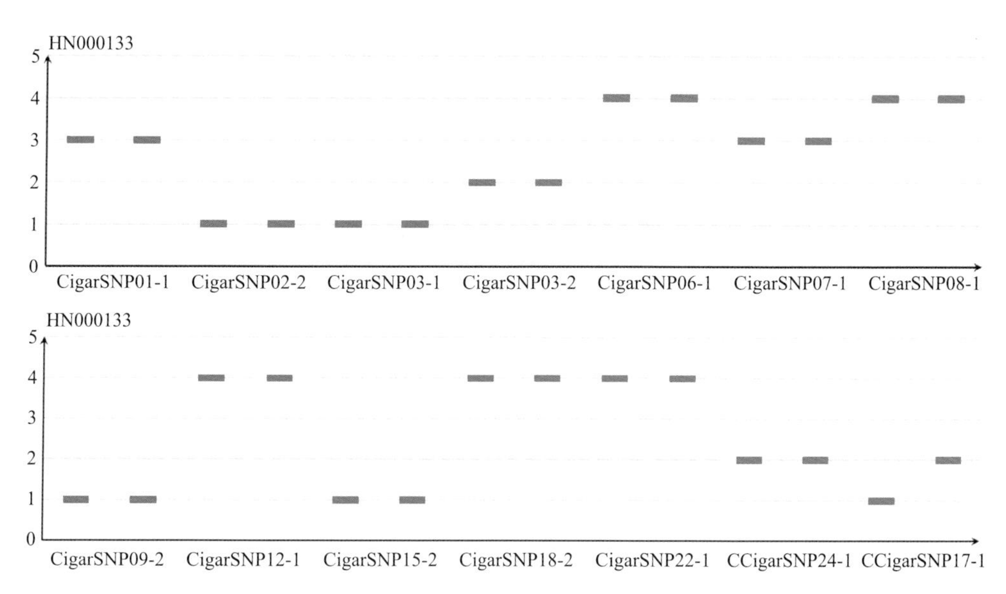

HN000133 的指纹图谱

HN000133 的条形码身份证

HN000133 的二维码身份证

HN000134

种质来源：2016 年引进的美国雪茄烟种质资源。

特征特性：株型筒形，叶面较皱，叶形宽椭圆，叶尖渐尖，叶缘波浪，叶色绿，叶耳中，叶片主脉中等粗细，花序密集、球形，花色淡红，株高 256.40 cm，茎围 7.30 cm，节距 7.32 cm，叶数 27.60 片，腰叶长 49.00 cm，腰叶宽 31.00 cm，无叶柄，主侧脉夹角 77.30°，支脉数 12.20 条，茎叶夹角 40.34°，腰叶下部、中部、上部厚度分别为 0.248 mm、0.272 mm、0.306 mm，腰叶支脉下部、中部、上部粗细分别为 1.930 mm、1.798 mm、1.144 mm，移栽至现蕾天数为 68 d，移栽至中心花开放天数为 77 d。

外观质量：原烟呈浅褐色，成熟度为成熟，叶片结构尚疏松，身份薄，油分有，色度强，脉叶色泽较一致。

适宜类型：茄衣。

分子指纹特征码：3311115544114411441144444412（与下面的指纹图谱相对应）。

种质资源身份证：040900YJ00201633111155441144114411444444412W。

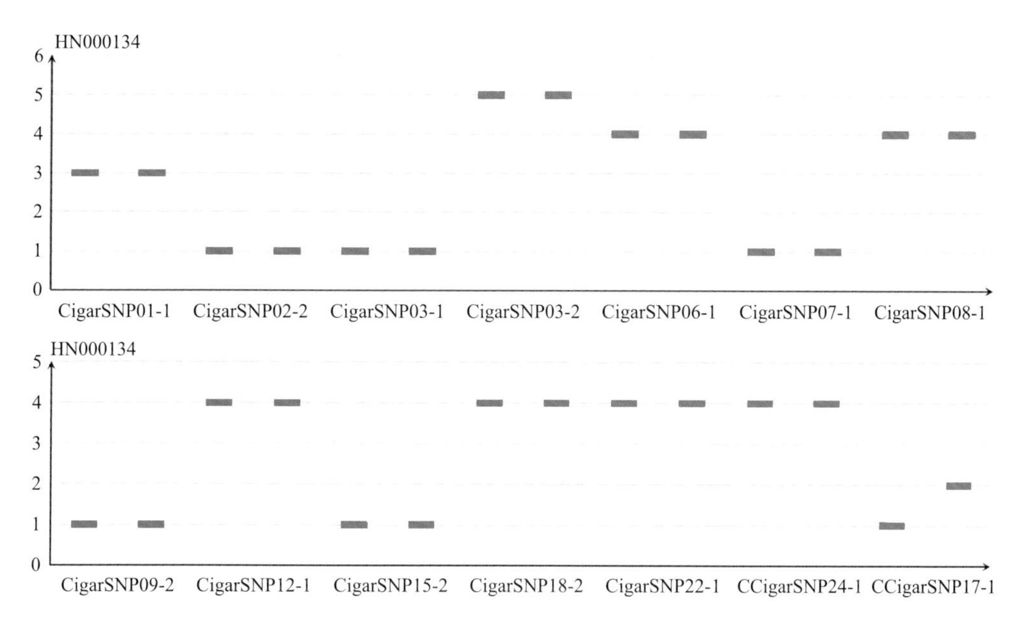

HN000134 的指纹图谱

HN000134 的条形码身份证

HN000134 的二维码身份证

HN000136

种质来源：2018 年引进的印度尼西亚雪茄烟种质资源。

特征特性：株型筒形，叶面较平，叶形长椭圆，叶尖渐尖，叶缘微波，叶色浅绿，叶耳大，叶片主脉中等粗细，花序密集、菱形，花色淡红，株高 174.40 cm，茎围 7.20 cm，节距 6.16 cm，叶数 24.20 片，腰叶长 46.20 cm，腰叶宽 27.80 cm，无叶柄，主侧脉夹角 69.46°，支脉数 11.00 条，茎叶夹角 52.80°，腰叶下部、中部、上部厚度分别为 0.214 mm、0.244 mm、0.238 mm，腰叶支脉下部、中部、上部粗细分别为 1.370 mm、1.346 mm、0.708 mm，移栽至现蕾天数为 55 d，移栽至中心花开放天数为 63 d。

外观质量：原烟呈黄褐色，成熟度为完熟，叶片结构尚疏松，身份稍薄，油分稍有，色度中，脉叶色泽一致性一般。

适宜类型：茄衣。

分子指纹特征码：3311112244113311441144112212（与下面的指纹图谱相对应）。

种质资源身份证：040900YJ0020183311112244113311441144112212W。

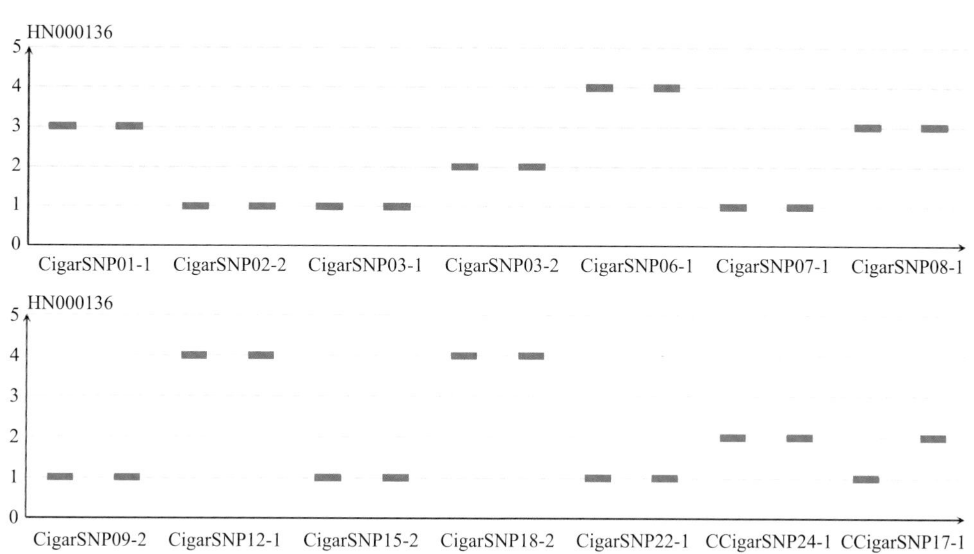

HN000136 的指纹图谱

HN000136 的条形码身份证

HN000136 的二维码身份证

HN000146

种质来源：2017 年引进的尼加拉瓜雪茄烟种质资源。

特征特性：株型筒形，叶面较平，叶形长椭圆，叶尖渐尖，叶缘微波，叶色浅绿，叶耳大，叶片主脉中等粗细，花序密集、菱形，花色淡红，株高 132.20 cm，茎围 5.50 cm，节距 4.76 cm，叶数 21.00 片，腰叶长 38.60 cm，腰叶宽 20.40 cm，无叶柄，主侧脉夹角 62.92°，支脉数 11.20 条，茎叶夹角 59.16°，腰叶下部、中部、上部厚度分别为 0.394 mm、0.418 mm、0.464 mm，腰叶支脉下部、中部、上部粗细分别为 1.392 mm、1.530 mm、0.902 mm，移栽至现蕾天数为 55 d，移栽至中心花开放天数为 63 d。

外观质量：原烟呈黄褐色，成熟度为完熟，叶片结构稍密，身份适中，油分多，色度强，脉叶色泽较一致。

化学成分：总糖含量为 4.40%，还原糖含量为 3.90%，两糖差 0.50%，两糖比 0.89，总氮含量为 3.06%，总植物碱含量为 4.90%，总糖/烟碱 0.90，还原糖/烟碱 0.80，总氮/烟碱 0.62，氧化钾含量为 4.28%，氯离子含量为 1.14%，钾氯比 3.75。

适宜类型：茄芯。

分子指纹特征码：33111111441133114422444442212（与下面的指纹图谱相对应）。

种质资源身份证：040900DJ5120173311111144113311442244442212F。

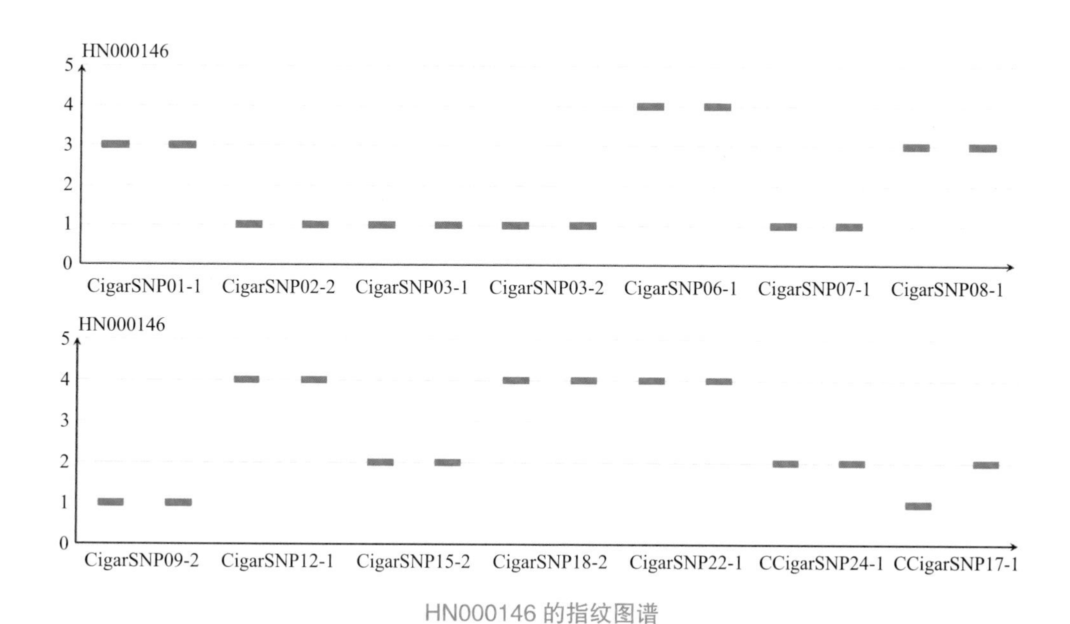

HN000146 的指纹图谱

HN000146 的条形码身份证

HN000146 的二维码身份证

HN000147

种质来源： 2016年引进的古巴雪茄烟种质资源。

特征特性： 株型筒形，叶面平整，叶形长卵圆，叶尖渐尖，叶缘平滑，叶色绿，叶耳中，叶片主脉中等粗细，花序密集、球形，花色淡红，株高104.00 cm，茎围6.80 cm，节距5.14 cm，叶数17.20片，腰叶长44.40 cm，腰叶宽24.20 cm，无叶柄，主侧脉夹角65.68°，支脉数9.80条，茎叶夹角55.02°，腰叶下部、中部、上部厚度分别为0.382 mm、0.402 mm、0.440 mm，腰叶支脉下部、中部、上部粗细分别为1.100 mm、1.338 mm、0.782 mm，移栽至现蕾天数为50 d，移栽至中心花开放天数为57 d。

外观质量： 原烟呈浅褐色，成熟度为成熟，叶片结构尚疏松，身份薄，油分多，色度浓，脉叶色泽一致。

化学成分： 总糖含量为2.98%，还原糖含量为2.56%，两糖差0.42%，两糖比0.86，总氮含量为3.26%，总植物碱含量为4.81%，总糖/烟碱0.62，还原糖/烟碱0.53，总氮/烟碱0.68，氧化钾含量为4.85%，氯离子含量为1.38%，钾氯比3.51。

适宜类型： 茄衣。

分子指纹特征码： 111111114433333444422444442212（与下面的指纹图谱相对应）。

种质资源身份证： 040900YJ00201611111111443333444422444442212W。

注：经 SNP 分子标记及田间表型鉴定，HN000148、HN000149、HN000177 与 HN000147 为同一种质。

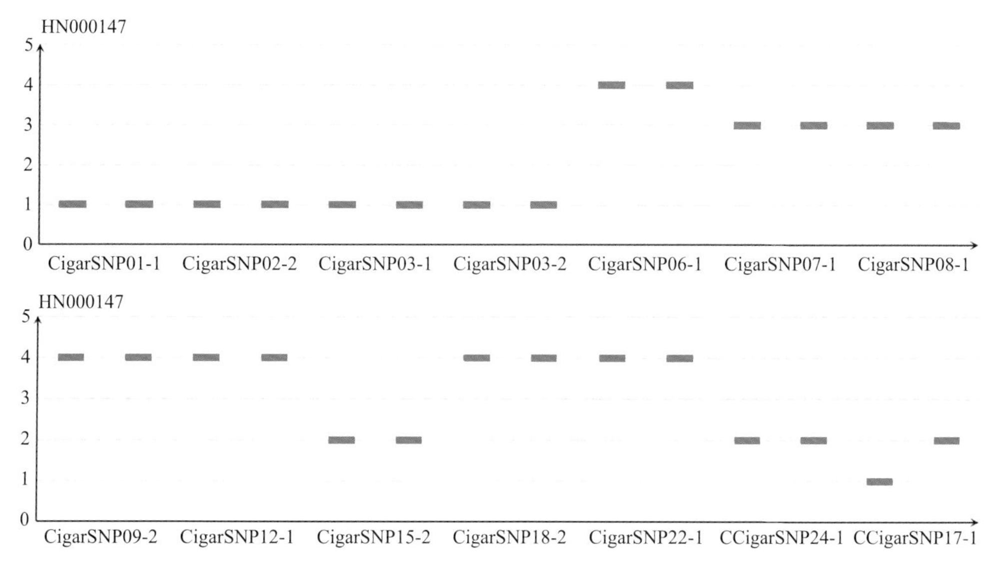

HN000147 的指纹图谱

HN000147 的条形码身份证

HN000147 的二维码身份证

HN000151

种质来源：2016 年引进的古巴雪茄烟种质资源。

特征特性：株型筒形，叶面较平，叶形椭圆，叶尖渐尖，叶缘平滑，叶色浅绿，叶耳大，叶片主脉中等粗细，花序密集、倒圆锥形，花色淡红，株高 145.20 cm，茎围 6.40 cm，节距 6.38 cm，叶数 21.80 片，腰叶长 45.20 cm，腰叶宽 27.20 cm，无叶柄，主侧脉夹角 73.22°，支脉数 10.00 条，茎叶夹角 48.26°，腰叶下部、中部、上部厚度分别为 0.344 mm、0.350 mm、0.368 mm，腰叶支脉下部、中部、上部粗细分别为 1.338 mm、1.496 mm、0.946 mm，移栽至现蕾天数为 68 d，移栽至中心花开放天数为 73 d。

外观质量：原烟呈黄褐色，成熟度为尚熟，叶片结构尚疏松，身份适中，油分有，色度中，脉叶色泽较一致。

化学成分：总糖含量为 0.84%，还原糖含量为 0.44%，两糖差 0.40%，两糖比 0.52，总氮含量为 3.29%，总植物碱含量为 2.71%，总糖/烟碱 0.31，还原糖/烟碱 0.16，总氮/烟碱 1.21，氧化钾含量为 4.62%，氯离子含量为 1.26%，钾氯比 3.67。

适宜类型：茄衣。

分子指纹特征码：33221122441144114422444444412（与下面的指纹图谱相对应）。

种质资源身份证：040900YJ0020163322112244114411442244444412W。

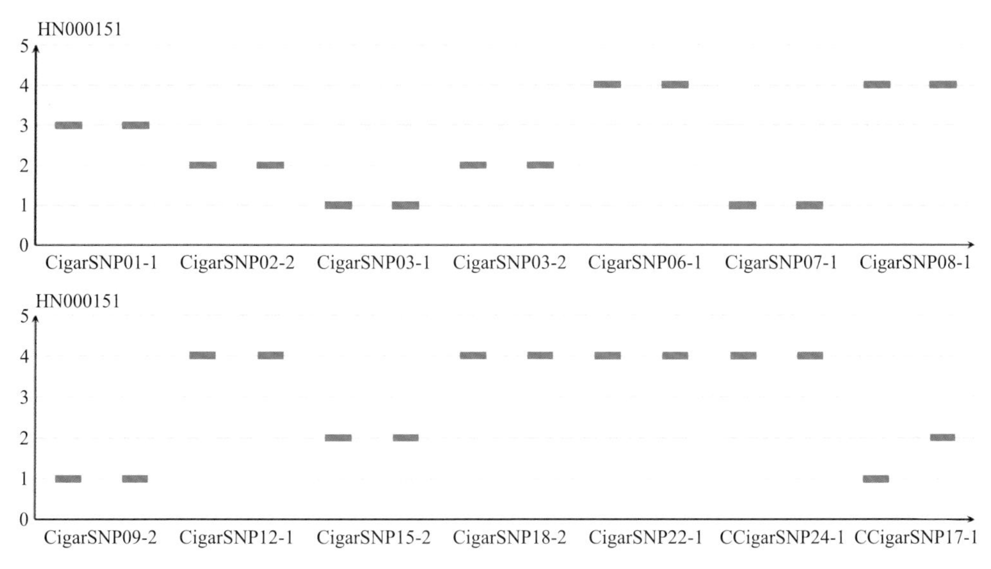

HN000151 的指纹图谱

HN000151 的条形码身份证

HN000151 的二维码身份证

HN000155

种质来源：2016 年引进的古巴雪茄烟种质资源。

特征特性：株型筒形，叶面平整，叶尖急尖，叶缘平滑，叶色绿，叶耳大，叶片主脉中等粗细，花序密集、球形，花色淡红，株高 122.40 cm，茎围 5.60 cm，节距 4.72 cm，叶数 19.80 片，腰叶长 40.30 cm，腰叶宽 21.50 cm，无叶柄，主侧脉夹角 66.84°，支脉数 11.20 条，茎叶夹角 49.50°，腰叶下部、中部、上部厚度分别为 0.338 mm、0.370 mm、0.392 mm，腰叶支脉下部、中部、上部粗细分别为 1.296 mm、1.422 mm、0.922 mm，移栽至现蕾天数为 55 d，移栽至中心花开放天数为 65 d。

外观质量：原烟呈浅褐色，成熟度为完熟，叶片结构尚疏松，身份稍薄，油分有，色度强，脉叶色泽一致。

化学成分：总糖含量为 4.12%，还原糖含量为 3.79%，两糖差 0.33%，两糖比 0.92，总氮含量为 3.43%，总植物碱含量为 4.17%，总糖/烟碱 0.99，还原糖/烟碱 0.91，总氮/烟碱 0.82，氧化钾含量为 4.77%，氯离子含量为 0.90%，钾氯比 5.30。

适宜类型：茄芯。

分子指纹特征码：55111111433333444422255442212（与下面的指纹图谱相对应）。

种质资源身份证：040900YJ00201655111111433333444422255442212F。

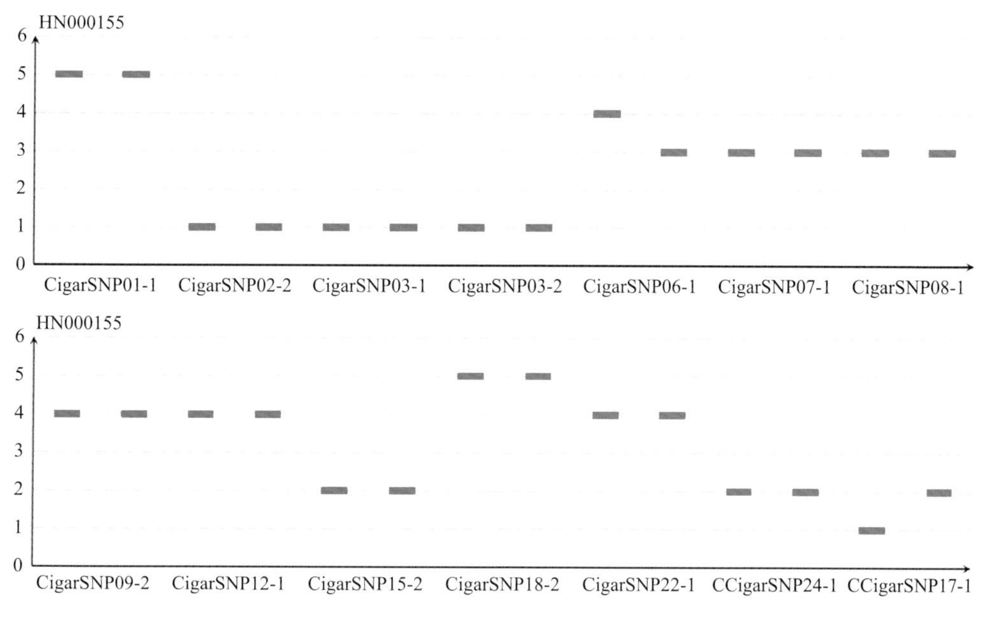

HN000155 的指纹图谱

HN000155 的条形码身份证

HN000155 的二维码身份证

HN000156

种质来源：2016 年引进的古巴雪茄烟种质资源。

特征特性：株型塔形，叶面较平，叶形长椭圆，叶尖渐尖，叶缘平滑，叶色浅绿，叶耳中，叶片主脉中等粗细，花序松散、倒圆锥形，花色淡红，株高 135.80 cm，茎围 7.70 cm，节距 4.62 cm，叶数 22.90 片，腰叶长 55.00 cm，腰叶宽 22.50 cm，无叶柄，主侧脉夹角 65.84°，支脉数 12.00 条，茎叶夹角 32.48°，腰叶下部、中部、上部厚度分别为 0.320 mm、0.394 mm、0.370 mm，腰叶支脉下部、中部、上部粗细分别为 1.454 mm、1.398 mm、0.692 mm，移栽至现蕾天数为 55 d，移栽至中心花开放天数为 60 d。

外观质量：原烟呈黄褐色，成熟度为尚熟，叶片结构稍密，身份稍薄，油分稍有，色度中，脉叶色泽一致性一般。

化学成分：总糖含量为 0.84%，还原糖含量为 0.28%，两糖差 0.56%，两糖比 0.33，总氮含量为 2.57%，总植物碱含量为 2.87%，总糖/烟碱 0.29，还原糖/烟碱 0.10，总氮/烟碱 0.90，氧化钾含量为 4.74%，氯离子含量为 1.50%，钾氯比 3.16。

适宜类型：茄芯。

分子指纹特征码：3322221133113311442244114422（与下面的指纹图谱相对应）。

种质资源身份证：040900YJ0020163322221133113311442244114422F。

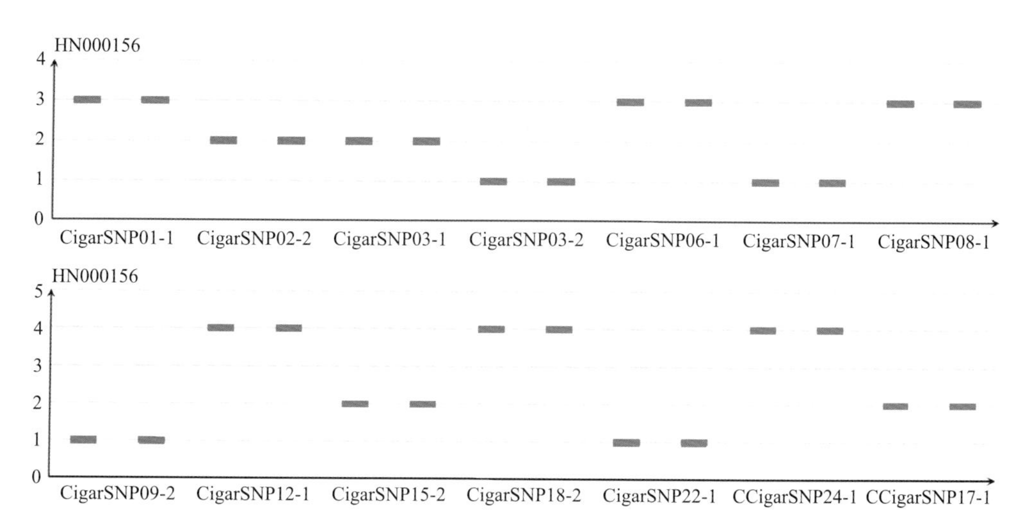

HN000156 的指纹图谱

HN000156 的条形码身份证

HN000156 的二维码身份证

HN000157

种质来源：2016 年引进的古巴雪茄烟种质资源。

特征特性：株型筒形，叶面较平，叶形椭圆，叶尖渐尖，叶缘平滑，叶色浅绿，叶耳大，叶片主脉粗，花序密集、倒圆锥形，花色淡红，株高 129.00 cm，茎围 6.40 cm，节距 5.08 cm，叶数 20.40 片，腰叶长 43.90 cm，腰叶宽 23.60 cm，无叶柄，主侧脉夹角 61.52°，支脉数 10.80 条，茎叶夹角 47.04°，腰叶下部、中部、上部厚度分别为 0.350 mm、0.374 mm、0.406 mm，腰叶支脉下部、中部、上部粗细分别为 1.288 mm、1.386 mm、0.782 mm，移栽至现蕾天数为 53 d，移栽至中心花开放天数为 56 d。

外观质量：原烟呈浅褐色，成熟度为成熟，叶片结构疏松，身份稍薄，油分多，色度浓，脉叶色泽一致。

化学成分：总糖含量为 1.34%，还原糖含量为 0.86%，两糖差 0.48%，两糖比 0.64，总氮含量为 3.45%，总植物碱含量为 5.93%，总糖/烟碱 0.23，还原糖/烟碱 0.15，总氮/烟碱 0.58，氧化钾含量为 4.88%，氯离子含量为 1.41%，钾氯比 3.46。

适宜类型：茄芯。

分子指纹特征码：1122111144333344442244144412（与下面的指纹图谱相对应）。

种质资源身份证：040900YJ002016112211114433334444224414441 2F。

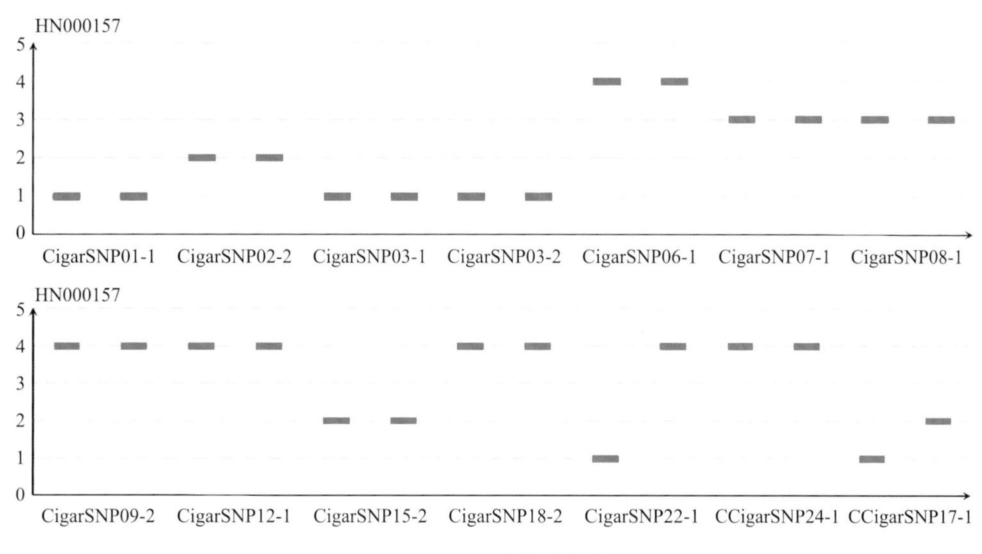

HN000157 的指纹图谱

HN000157 的条形码身份证

HN000157 的二维码身份证

HN000158

种质来源：2016年引进的古巴雪茄烟种质资源。

特征特性：株型筒形，叶面较平，叶形椭圆，叶尖渐尖，叶缘平滑，叶色浅绿，叶耳大，叶片主脉粗，花序密集、倒圆锥形，花色淡红，株高 121.20 cm，茎围 5.80 cm，节距 4.40 cm，叶数 21.00 片，腰叶长 44.10 cm，腰叶宽 22.60 cm，无叶柄，主侧脉夹角 63.42°，支脉数 11.40 条，茎叶夹角 44.04°，腰叶下部、中部、上部厚度分别为 0.344 mm、0.372 mm、0.394 mm，腰叶支脉下部、中部、上部粗细分别为 1.032 mm、1.214 mm、0.826 mm，移栽至现蕾天数为 57 d，移栽至中心花开放天数为 62 d。

外观质量：原烟呈浅褐色，成熟度为成熟，叶片结构尚疏松，身份稍薄，油分多，色度浓，脉叶色泽一致。

化学成分：总糖含量为 1.28%，还原糖含量为 0.74%，两糖差 0.54%，两糖比 0.58，总氮含量为 3.46%，总植物碱含量为 4.64%，总糖/烟碱 0.28，还原糖/烟碱 0.16，总氮/烟碱 0.75，氧化钾含量为 4.50%，氯离子含量为 1.07%，钾氯比 4.21。

适宜类型：茄芯。

分子指纹特征码：11111111443333444422444444412（与下面的指纹图谱相对应）。

种质资源身份证：040900YJ00201611111111443333444422444444412F。

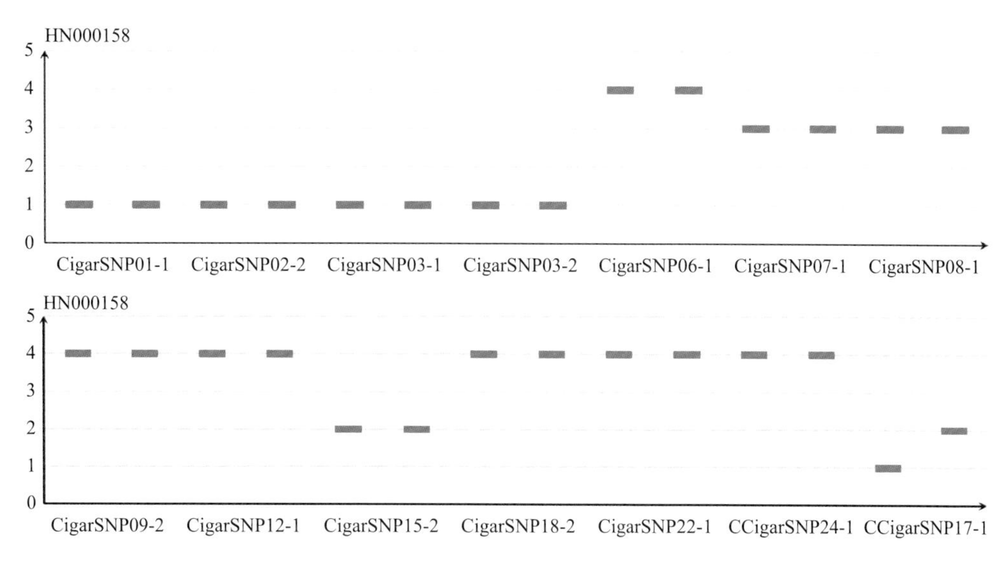

HN000158 的指纹图谱

HN000158 的条形码身份证

HN000158 的二维码身份证

HN000172

种质来源：2016 年引进的古巴雪茄烟种质资源。

特征特性：株型筒形，叶面较平，叶形长卵圆，叶尖急尖，叶缘微波，叶色浅绿，叶耳大，叶片主脉中等粗细，花序松散、球形，花色淡红，株高 174.20 cm，茎围 6.50 cm，节距 4.86 cm，叶数 24.20 片，腰叶长 46.10 cm，腰叶宽 23.20 cm，无叶柄，主侧脉夹角 64.66°，支脉数 10.60 条，茎叶夹角 47.14°，腰叶下部、中部、上部厚度分别为 0.338 mm、0.396 mm、0.404 mm，腰叶支脉下部、中部、上部粗细分别为 1.650 mm、1.646 mm、0.966 mm，移栽至现蕾天数为 63 d，移栽至中心花开放天数为 68 d。

外观质量：原烟呈浅褐色，成熟度为完熟，叶片结构尚疏松，身份稍薄，油分有，色度强，脉叶色泽较一致。

适宜类型：茄芯。

分子指纹特征码：11111122443333444422444442212（与下面的指纹图谱相对应）。

种质资源身份证：040900YJ00201611111122443333444422444442212F。

注：经 SNP 分子标记及田间表型鉴定，HN000175 与 HN000172 为同一种质。

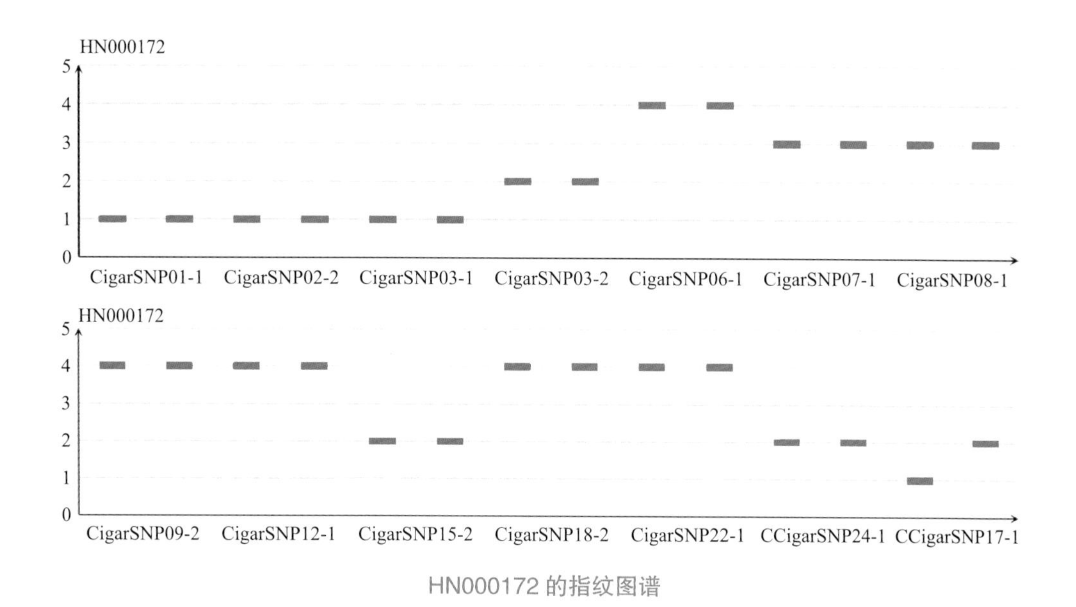

HN000172 的指纹图谱

040900YJ002016111111224433334444224444 2212F

HN000172 的条形码身份证

HN000172 的二维码身份证

HN000174

种质来源：2016 年引进的古巴雪茄烟种质资源。

特征特性：株型塔形，叶面较平，叶形椭圆，叶尖渐尖，叶缘微波，叶色浅绿，叶耳大，叶片主脉粗，花序密集、球形，花色淡红，株高 170.80 cm，茎围 6.10 cm，节距 5.54 cm，叶数 24.80 片，腰叶长 46.30 cm，腰叶宽 25.20 cm，无叶柄，主侧脉夹角 59.00°，支脉数 9.80 条，茎叶夹角 56.86°，腰叶下部、中部、上部厚度分别为 0.304 mm、0.362 mm、0.368 mm，腰叶支脉下部、中部、上部粗细分别为 1.118 mm、1.252 mm、0.784 mm，移栽至现蕾天数为 61 d，移栽至中心花开放天数为 68 d。

外观质量：原烟呈浅褐色，成熟度为成熟，叶片结构尚疏松，身份稍薄，油分有，色度浓，脉叶色泽一致。

适宜类型：茄衣。

分子指纹特征码：111111224433334444224444412（与下面的指纹图谱相对应）。

种质资源身份证：040900YJ00201611111122443333444422444444412W。

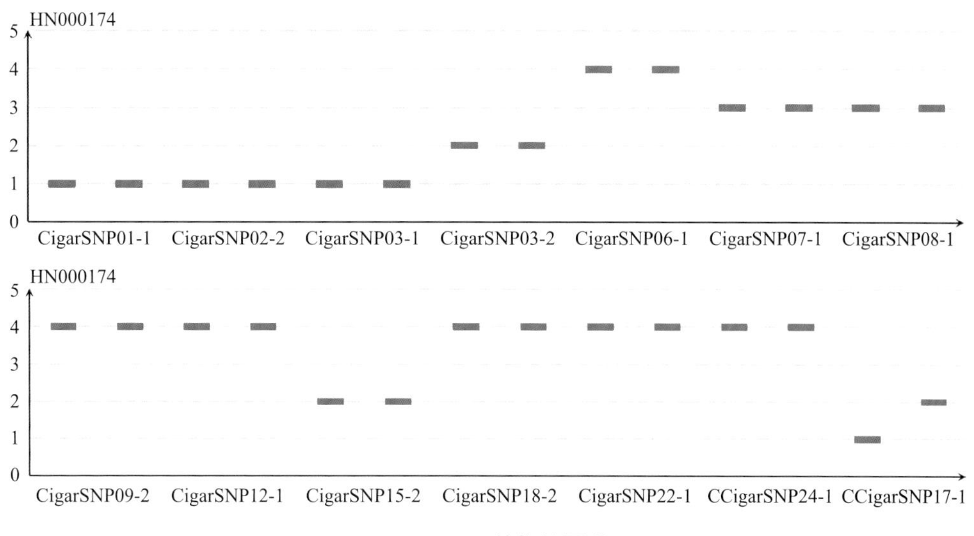

HN000174 的指纹图谱

HN000174 的条形码身份证

HN000174 的二维码身份证

HN000176

种质来源：2017 年引进的古巴雪茄烟种质资源。

特征特性：株型筒形，叶面平整，叶形椭圆，叶尖渐尖，叶缘平滑，叶色绿，叶耳中，叶片主脉中等粗细，花序松散、菱形，花色淡红，株高 157.40 cm，茎围 6.30 cm，节距 5.64 cm，叶数 21.40 片，腰叶长 44.80 cm，腰叶宽 24.90 cm，无叶柄，主侧脉夹角 59.94°，支脉数 11.00 条，茎叶夹角 55.72°，腰叶下部、中部、上部厚度分别为 0.358 mm、0.408 mm、0.438 mm，腰叶支脉下部、中部、上部粗细分别为 1.400 mm、1.460 mm、0.862 mm，移栽至现蕾天数为 46 d，移栽至中心花开放天数为 55 d。

外观质量：原烟呈浅褐色，成熟度为成熟，叶片结构尚疏松，身份稍薄，油分多，色度浓，脉叶色泽一致。

适宜类型：茄芯。

分子指纹特征码：11121111443333444422244442212（与下面的指纹图谱相对应）。

种质资源身份证：040900YJ00201711121111443333444422244442212F。

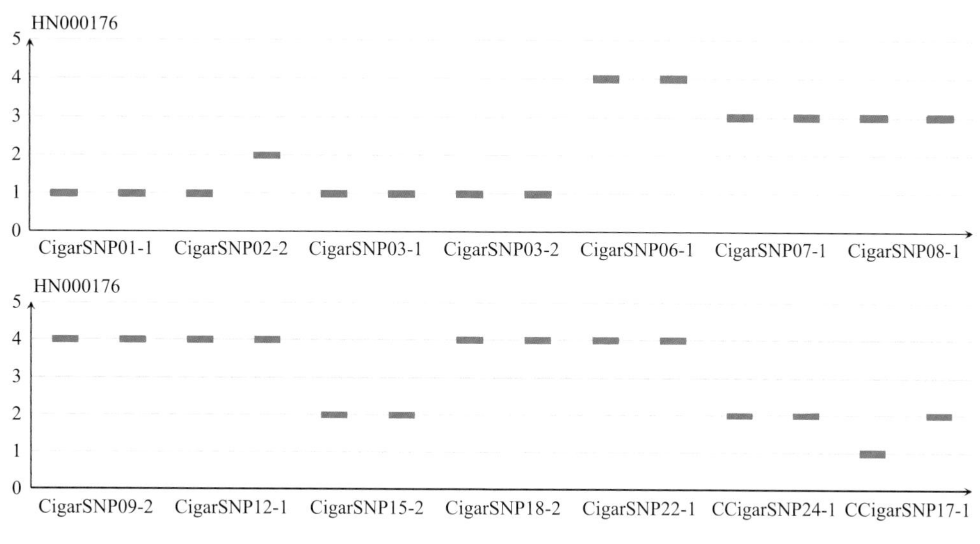

HN000176 的指纹图谱

HN000176 的条形码身份证

HN000176 的二维码身份证

HN000178

种质来源：2017 年引进的古巴雪茄烟种质资源。

特征特性：株型筒形，叶面较平，叶形宽椭圆，叶尖渐尖，叶缘锯齿，叶色浅绿，叶耳大，叶片主脉中等粗细，花序松散、菱形，花色淡红，株高 280.60 cm，茎围 8.70 cm，节距 6.90 cm，叶数 30.80 片，腰叶长 57.30 cm，腰叶宽 36.30 cm，无叶柄，主侧脉夹角 71.66°，支脉数 10.60 条，茎叶夹角 56.82°，腰叶下部、中部、上部厚度分别为 0.290 mm、0.328 mm、0.334 mm，腰叶支脉下部、中部、上部粗细分别为 1.904 mm、2.090 mm、1.084 mm，移栽至现蕾天数为 80 d，移栽至中心花开放天数为 88 d。

外观质量：原烟呈黄褐色，成熟度为尚熟，叶片结构尚疏松，身份稍薄，油分多，色度中，脉叶色泽一致性一般。

适宜类型：茄衣。

分子指纹特征码：3311112244114411441144444412（与下面的指纹图谱相对应）。

种质资源身份证：040900YJ0020173311112244114411441144444412W。

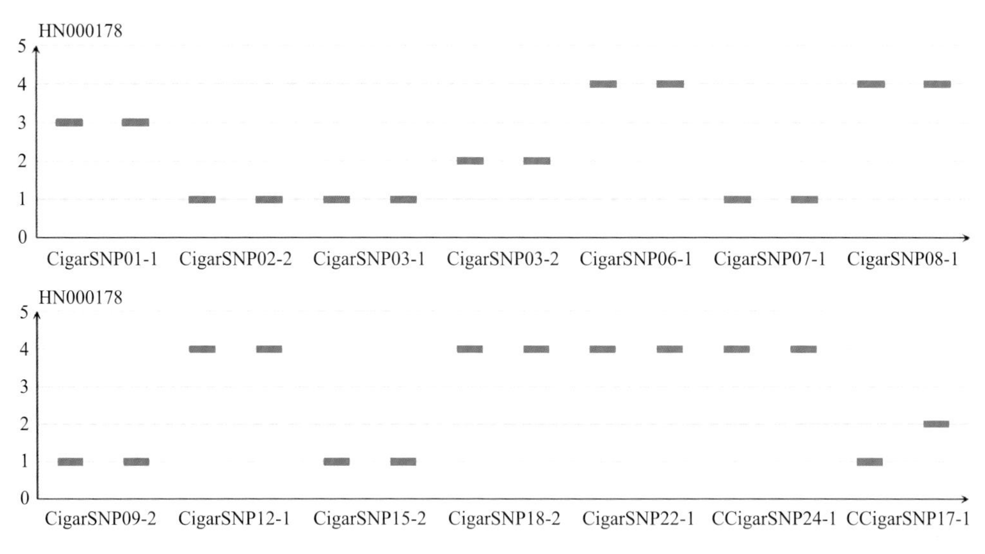

HN000178 的指纹图谱

HN000178 的条形码身份证

HN000178 的二维码身份证

HN000179

种质来源：2017 年引进的古巴雪茄烟种质资源。

特征特性：株型筒形，叶面较平，叶形长卵圆，叶尖渐尖，叶缘微波，叶色绿，叶耳大，叶片主脉粗，花序密集、菱形，花色淡红，株高 179.80 cm，茎围 6.00 cm，节距 7.20 cm，叶数 21.40 片，腰叶长 48.60 cm，腰叶宽 26.90 cm，无叶柄，主侧脉夹角 71.56°，支脉数 11.60 条，茎叶夹角 41.34°，腰叶下部、中部、上部厚度分别为 0.338 mm、0.382 mm、0.402 mm，腰叶支脉下部、中部、上部粗细分别为 1.386 mm、1.536 mm、1.064 mm，移栽至现蕾天数为 55 d，移栽至中心花开放天数为 61 d。

外观质量：原烟呈红褐色，成熟度为成熟，叶片结构疏松，身份适中，油分多，色度浓，脉叶色泽一致。

适宜类型：茄芯。

分子指纹特征码：3322111144334444442244442212（与下面的指纹图谱相对应）。

种质资源身份证：040900YJ00201733221111443344444422444422 12F。

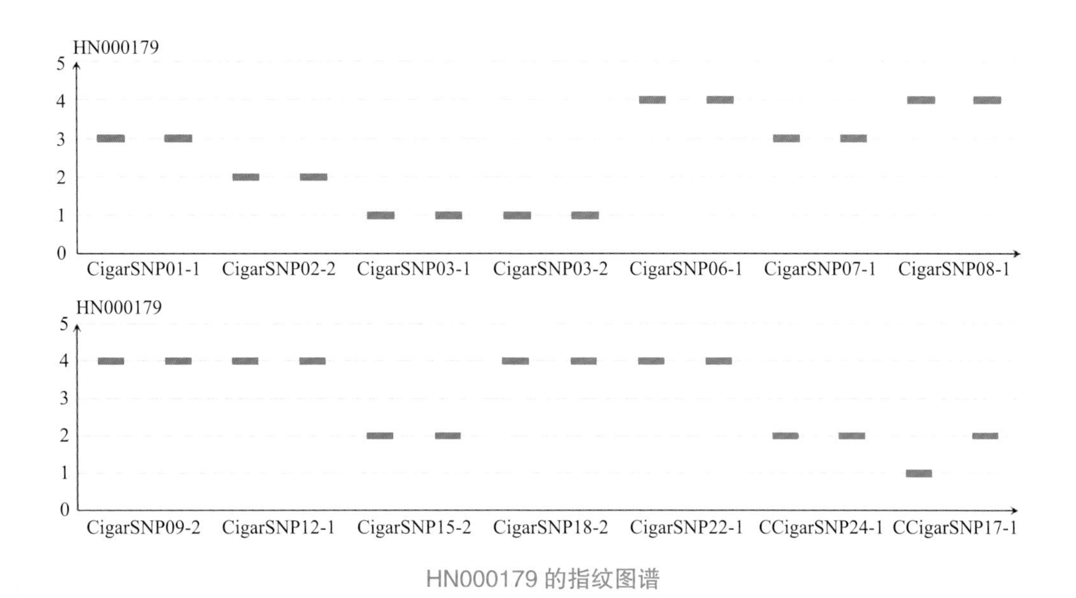

HN000179 的指纹图谱

HN000179 的条形码身份证

HN000179 的二维码身份证

HN000180

种质来源：2017 年引进的古巴雪茄烟种质资源。

特征特性：株型筒形，叶面较皱，叶形椭圆，叶尖渐尖，叶缘微波，叶色绿，叶耳大，叶片主脉中等粗细，花序密集、球形，花色淡红，株高 179.80 cm，茎围 5.40 cm，节距 7.64 cm，叶数 22.00 片，腰叶长 43.70 cm，腰叶宽 24.20 cm，无叶柄，主侧脉夹角 71.32°，支脉数 11.00 条，茎叶夹角 76.58°，腰叶下部、中部、上部厚度分别为 0.328 mm、0.372 mm、0.388 mm，腰叶支脉下部、中部、上部粗细分别为 1.206 mm、1.432 mm、0.786 mm，移栽至现蕾天数为 56 d，移栽至中心花开放天数为 63 d。

外观质量：原烟呈红褐色，成熟度为成熟，叶片结构稍密，身份适中，油分多，色度浓，脉叶色泽一致。

适宜类型：茄芯。

分子指纹特征码：332211114433444444224444412（与下面的指纹图谱相对应）。

种质资源身份证：040900YJ00201733221111443344444422444444412F。

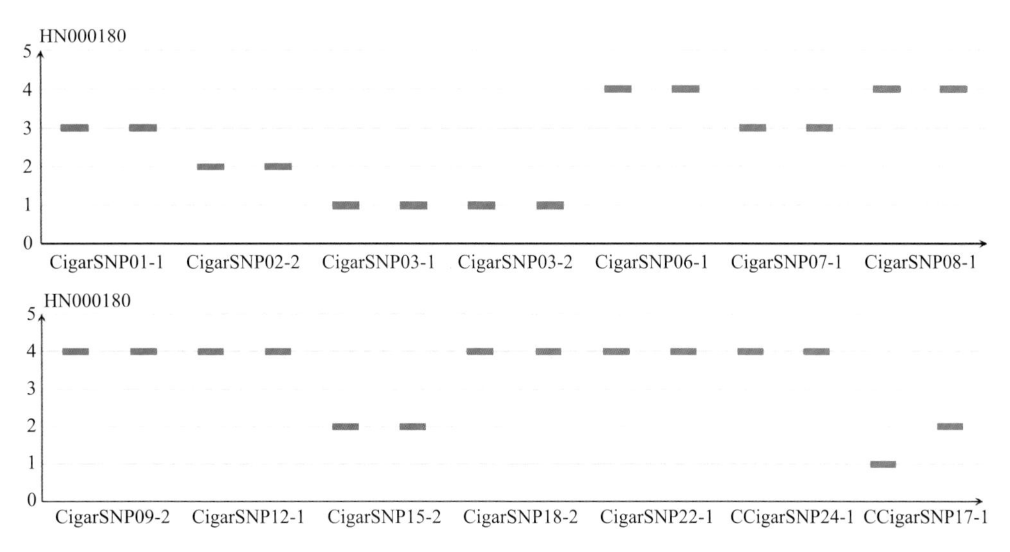

HN000180 的指纹图谱

HN000180 的条形码身份证

HN000180 的二维码身份证

HN000183

种质来源：2017 年引进的美国雪茄烟种质资源。

特征特性：株型塔形，叶面较皱，叶形长椭圆，叶尖渐尖，叶缘平滑，叶色深绿，叶耳大，叶片主脉中等粗细，花序密集、倒圆锥形，花色淡红，株高 110.60 cm，茎围 5.90 cm，节距 6.24 cm，叶数 15.80 片，腰叶长 60.00 cm，腰叶宽 29.60 cm，无叶柄，主侧脉夹角 60.74°，支脉数 12.40 条，茎叶夹角 74.30°，腰叶下部、中部、上部厚度分别为 0.338 mm、0.408 mm、0.364 mm，腰叶支脉下部、中部、上部粗细分别为 1.946 mm、1.902 mm、1.314 mm，移栽至现蕾天数为57 d，移栽至中心花开放天数为 65 d。

外观质量：原烟呈红褐色，成熟度为完熟，叶片结构紧密，身份稍厚，油分有，色度中，脉叶色泽较一致。

化学成分：总糖含量为 1.92%，还原糖含量为 1.44%，两糖差 0.48%，两糖比 0.75，总氮含量为 3.42%，总植物碱含量为 3.59%，总糖/烟碱 0.53，还原糖/烟碱 0.40，总氮/烟碱 0.95，氧化钾含量为 4.34%，氯离子含量为 0.98%，钾氯比 4.43。

适宜类型：茄芯。

分子指纹特征码：33222211331133114411334444412（与下面的指纹图谱相对应）。

种质资源身份证：040900YJ0020173322221133113311441133444412F。

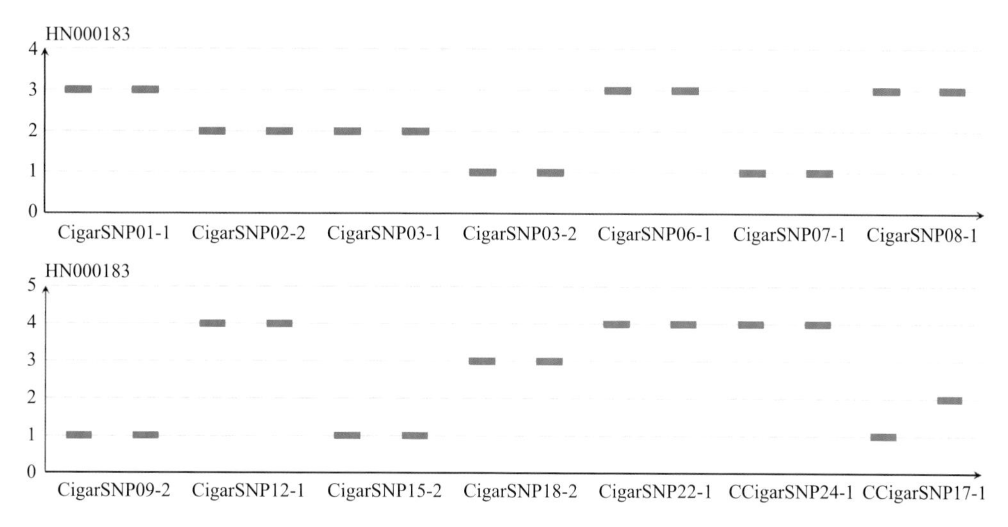

HN000183 的指纹图谱

HN000183 的条形码身份证

HN000183 的二维码身份证

HN000184

种质来源：2017 年引进的美国雪茄烟种质资源。

特征特性：株型塔形，叶面平整，叶形长椭圆，叶尖渐尖，叶缘平滑，叶色绿，叶耳中，叶片主脉中等粗细，花序密集、球形，花色淡红，株高 160.80 cm，茎围 7.90 cm，节距 7.40 cm，叶数 19.80 片，腰叶长 60.66 cm，腰叶宽 32.90 cm，无叶柄，主侧脉夹角 47.98°，支脉数 11.40 条，茎叶夹角 47.98°，腰叶下部、中部、上部厚度分别为 0.306 mm、0.368 mm、0.342 mm，腰叶支脉下部、中部、上部粗细分别为 1.844 mm、1.716 mm、1.040 mm，移栽至现蕾天数为 68 d，移栽至中心花开放天数为 72 d。

外观质量：原烟呈红褐色，成熟度为完熟，叶片结构紧密，身份稍薄，油分稍有，色度中，脉叶色泽较一致。

适宜类型：茄芯。

分子指纹特征码：552221113355334455553344412（与下面的指纹图谱相对应）。

种质资源身份证：040900YJ002017552221113355334455553344412F。

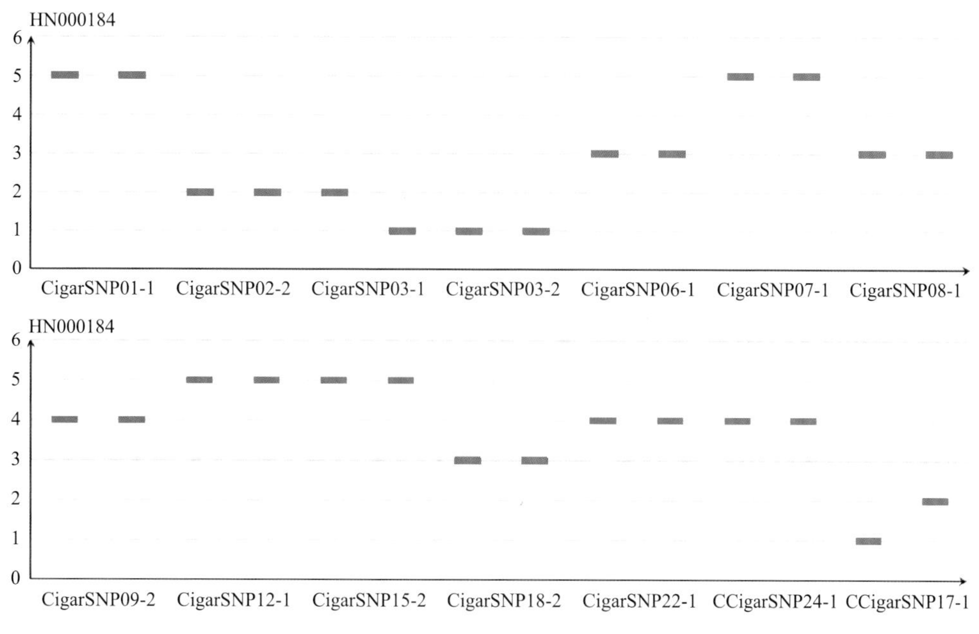

HN000184 的指纹图谱

HN000184 的条形码身份证

HN000184 的二维码身份证

HN000185

种质来源：2017年引进的多米尼加雪茄烟种质资源。

特征特性：株型塔形，叶面平整，叶形长椭圆，叶尖渐尖，叶缘微波，叶色绿，叶耳中，叶片主脉细，花序松散、球形，花色淡红，株高185.20 cm，茎围6.30 cm，节距7.04 cm，叶数22.00片，腰叶长51.10 cm，腰叶宽21.90 cm，无叶柄，主侧脉夹角59.36°，支脉数12.60条，茎叶夹角47.30°，腰叶下部、中部、上部厚度分别为0.386 mm、0.424 mm、0.390 mm，腰叶支脉下部、中部、上部粗细分别为1.386 mm、1.690 mm、1.000 mm，移栽至现蕾天数为67 d，移栽至中心花开放天数为72 d。

外观质量：原烟呈红褐色，成熟度为完熟，叶片结构紧密，身份稍厚，油分多，色度浓，脉叶色泽较一致。

适宜类型：茄芯。

分子指纹特征码：11111122333333114422444444412（与下面的指纹图谱相对应）。

种质资源身份证：040900YJ00201711111122333333114422444444412F。

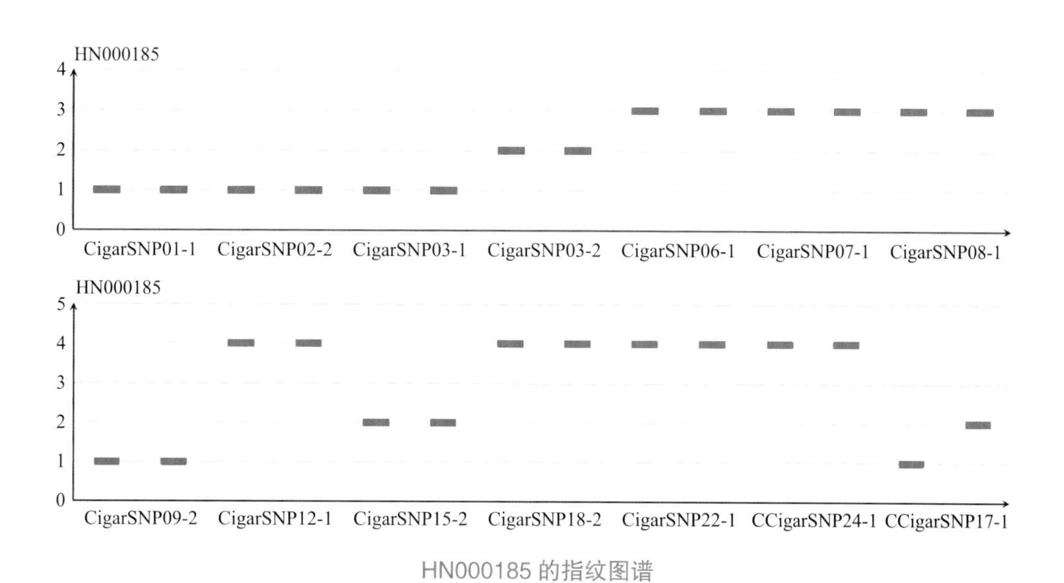

HN000185 的指纹图谱

040900YJ00201711111122333333114422444444412F

HN000185 的条形码身份证

HN000185 的二维码身份证

HN000186

种质来源：2016 年引进的多米尼加雪茄烟种质资源。

特征特性：株型筒形，叶面较皱，叶形椭圆，叶尖渐尖，叶缘波浪，叶色绿，叶耳中，叶片主脉中等粗细，花序密集、球形，花色淡红，株高 230.00 cm，茎围 7.30 cm，节距 10.10 cm，叶数 22.00 片，腰叶长 45.50 cm，腰叶宽 29.00 cm，无叶柄，主侧脉夹角 68.78°，支脉数 12.00 条，茎叶夹角 73.78°，腰叶下部、中部、上部厚度分别为 0.324 mm、0.386 mm、0.376 mm，腰叶支脉下部、中部、上部粗细分别为 1.334 mm、1.530 mm、1.038 mm，移栽至现蕾天数为 68 d，移栽至中心花开放天数为 74 d。

外观质量：原烟呈红褐色，成熟度为完熟，叶片结构稍密，身份稍薄，油分有，色度强，脉叶色泽较一致。

适宜类型：茄芯。

分子指纹特征码：331111224411441144224444 2212（与下面的指纹图谱相对应）。

种质资源身份证：040900YJ0020163311112244114411442244442212F。

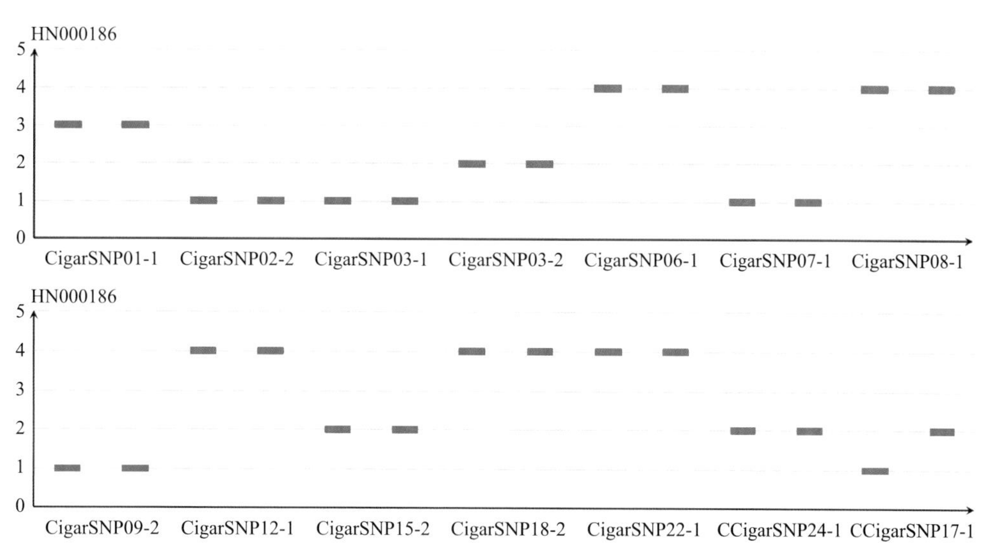

HN000186 的指纹图谱

HN000186 的条形码身份证

HN000186 的二维码身份证

HN000187

种质来源：2017 年引进的多米尼加雪茄烟种质资源。

特征特性：株型筒形，叶面较平，叶形椭圆，叶尖渐尖，叶缘微波，叶色绿，叶耳中，叶片主脉粗，花序密集、球形，花色淡红，株高 155.00 cm，茎围 6.10 cm，节距 5.84 cm，叶数 21.20 片，腰叶长 43.80 cm，腰叶宽 23.30 cm，无叶柄，主侧脉夹角 65.90°，支脉数 9.00 条，茎叶夹角 44.32°，腰叶下部、中部、上部厚度分别为 0.330 mm、0.376 mm、0.382 mm，腰叶支脉下部、中部、上部粗细分别为 1.412 mm、1.542 mm、0.838 mm，移栽至现蕾天数为 61 d，移栽至中心花开放天数为 67 d。

外观质量：原烟呈红褐色，成熟度为成熟，叶片结构尚疏松，身份适中，油分有，色度强，脉叶色泽较一致。

适宜类型：茄芯。

分子指纹特征码：11221111443333444422444442212（与下面的指纹图谱相对应）。

种质资源身份证：040900YJ00201711221111443333444422444442212F。

注：经 SNP 分子标记及田间表型鉴定，HN000188 与 HN000187 为同一种质。

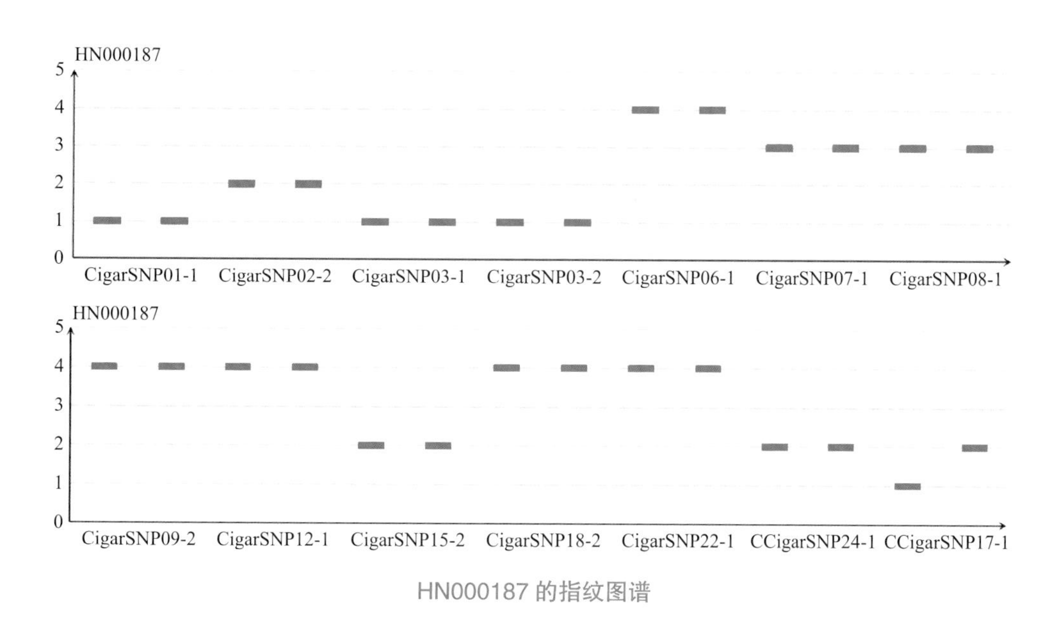

HN000187 的指纹图谱

HN000187 的条形码身份证

HN000187 的二维码身份证

HN000189

种质来源：2017 年引进的印度尼西亚雪茄烟种质资源。

特征特性：株型筒形，叶面平整，叶形椭圆，叶尖渐尖，叶缘平滑，叶色绿，叶耳中，叶片主脉细，花序密集、球形，花色淡红，株高 183.00 cm，茎围 5.20 cm，节距 8.24 cm，叶数 21.00 片，腰叶长 42.00 cm，腰叶宽 23.20 cm，无叶柄，主侧脉夹角 79.16°，支脉数 9.40 条，茎叶夹角 51.90°，腰叶下部、中部、上部厚度分别为 0.332 mm、0.340 mm、0.328 mm，腰叶支脉下部、中部、上部粗细分别为 1.406 mm、1.602 mm、0.948 mm，移栽至现蕾天数为 68 d，移栽至中心花开放天数为72 d。

外观质量：原烟呈黄褐色，成熟度为尚熟，叶片结构尚疏松，身份适中，油分稍有，色度弱，脉叶色泽一致性一般。

适宜类型：茄衣。

分子指纹特征码：33221122441144114411144442212（与下面的指纹图谱相对应）。

种质资源身份证：040900YJ00201733221122441144114411144442212W。

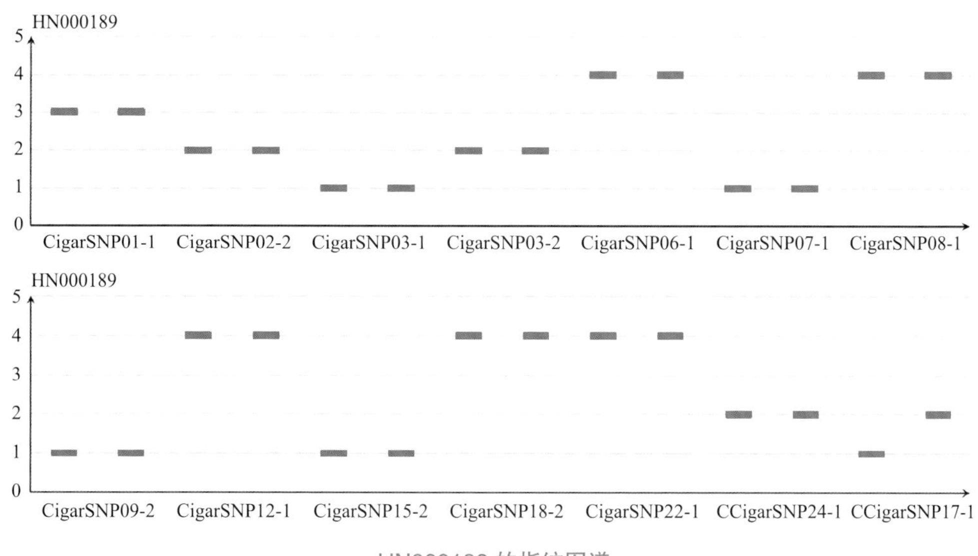

HN000189 的指纹图谱

HN000189 的条形码身份证

HN000189 的二维码身份证

HN000190

种质来源：2017 年引进的印度尼西亚雪茄烟种质资源。

特征特性：株型筒形，叶面皱，叶形宽椭圆，叶尖急尖，叶缘波浪，叶色浅绿，叶耳大，叶片主脉中等粗细，花序密集、球形，花色淡红，株高 184.60 cm，茎围 6.10 cm，节距 7.46 cm，叶数 22.20 片，腰叶长 44.30 cm，腰叶宽 28.00 cm，无叶柄，主侧脉夹角 73.26°，支脉数 10.60 条，茎叶夹角 61.98°，腰叶下部、中部、上部厚度分别为 0.310 mm、0.356 mm、0.334 mm，腰叶支脉下部、中部、上部粗细分别为 1.512 mm、1.698 mm、1.028 mm，移栽至现蕾天数为 68 d，移栽至中心花开放天数为 77 d。

外观质量：原烟呈黄褐色，成熟度为完熟，叶片结构稍密，身份适中，油分稍有，色度弱，脉叶色泽较一致。

适宜类型：茄芯。

分子指纹特征码：33221122441144114411334422112（与下面的指纹图谱相对应）。

种质资源身份证：040900YJ00201733221122441144114411334422112F。

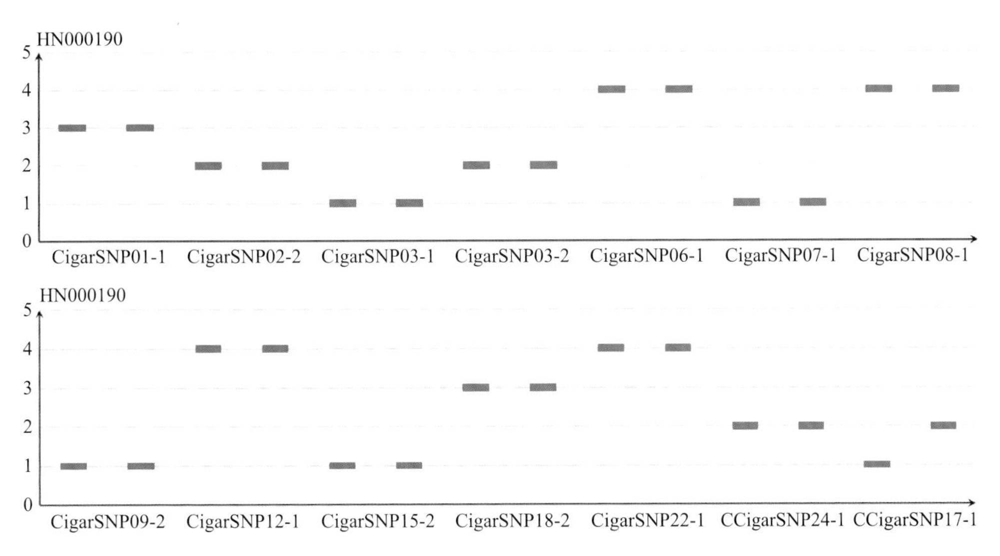

HN000190 的指纹图谱

HN000190 的条形码身份证

HN000190 的二维码身份证

HN000191

种质来源：2017 年引进的印度尼西亚雪茄烟种质资源。

特征特性：株型塔形，叶面较平，叶形长椭圆，叶尖渐尖，叶缘微波，叶色绿，叶耳中，叶片主脉中等粗细，花序密集、球形，花色淡红，株高 161.60 cm，茎围 5.60 cm，节距 7.62 cm，叶数 18.60片，腰叶长 43.30 cm，腰叶宽 17.80 cm，无叶柄，主侧脉夹角 58.38°，支脉数 11.20条，茎叶夹角 59.72°，腰叶下部、中部、上部厚度分别为 0.360 mm、0.410 mm、0.396 mm，腰叶支脉下部、中部、上部粗细分别为 1.176 mm、1.182 mm、0.758 mm，移栽至现蕾天数为 55 d，移栽至中心花开放天数为 63 d。

外观质量：原烟呈黄褐色，成熟度为成熟，叶片结构疏松，身份稍厚，油分有，色度中，脉叶色泽一致性一般。

适宜类型：茄芯。

分子指纹特征码：3311111133334411441144444422（与下面的指纹图谱相对应）。

种质资源身份证：040900YJ0020173311111133334411441144444422F。

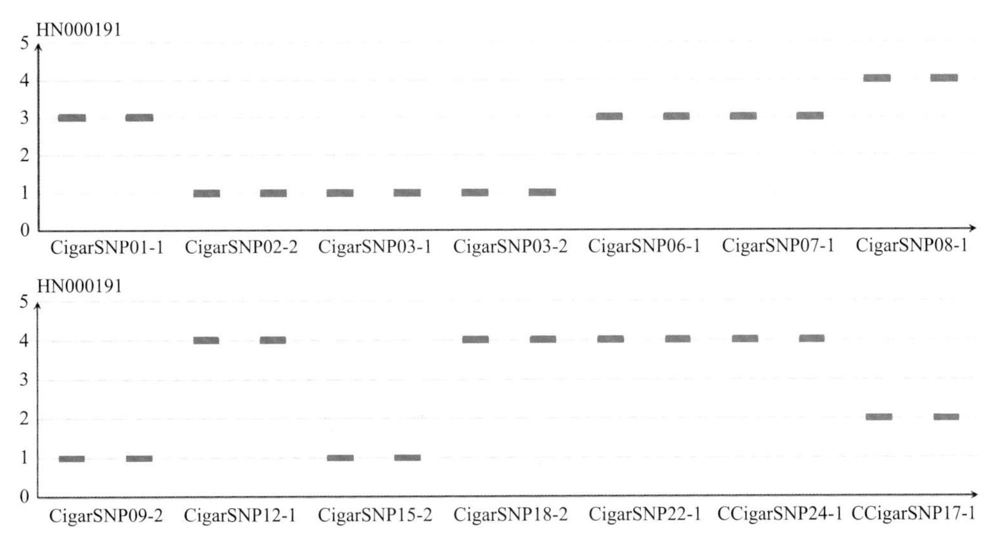

HN000191 的指纹图谱

HN000191 的条形码身份证

HN000191 的二维码身份证

HN000228

种质来源：2017 年引进的印度尼西亚雪茄烟种质资源。

特征特性：株型塔形，叶面皱，叶形宽椭圆，叶尖渐尖，叶缘波浪，叶色绿，叶耳小，叶片主脉中等粗细，花序密集、球形，花色淡红，株高 197.00 cm，茎围 6.10 cm，节距 6.88 cm，叶数 22.20 片，腰叶长 45.30 cm，腰叶宽 27.80 cm，无叶柄，主侧脉夹角 68.80°，支脉数 10.80 条，茎叶夹角 50.28°，腰叶下部、中部、上部厚度分别为 0.272 mm、0.342 mm、0.324 mm，腰叶支脉下部、中部、上部粗细分别为 1.108 mm、1.698 mm、0.922 mm，移栽至现蕾天数为 57 d，移栽至中心花开放天数为 68 d。

外观质量：原烟呈黄褐色，成熟度为尚熟，叶片结构紧密，身份稍厚，油分有，色度中，脉叶色泽一致性一般。

化学成分：总糖含量为 2.50%，还原糖含量为 2.18%，两糖差 0.32%，两糖比 0.87，总氮含量为 3.21%，总植物碱含量为 2.80%，总糖/烟碱 0.89，还原糖/烟碱 0.78，总氮/烟碱 1.15，氧化钾含量为 4.41%，氯离子含量为 1.25%，钾氯比 3.53。

适宜类型：茄芯。

分子指纹特征码：3311112244113311441144114412（与下面的指纹图谱相对应）。

种质资源身份证：040900YJ0020173311112244113311441144114412F。

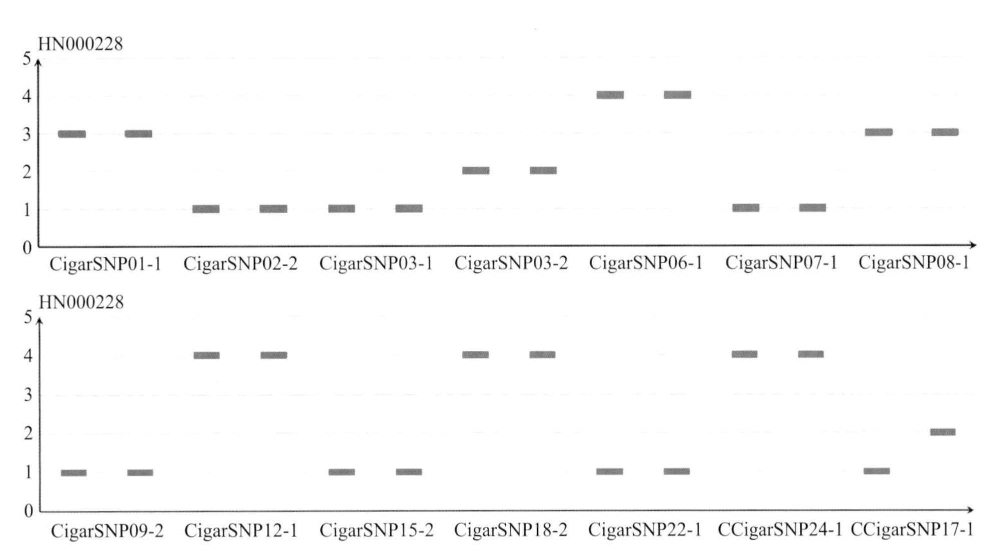

HN000228 的指纹图谱

HN000228 的条形码身份证

HN000228 的二维码身份证

HN000229

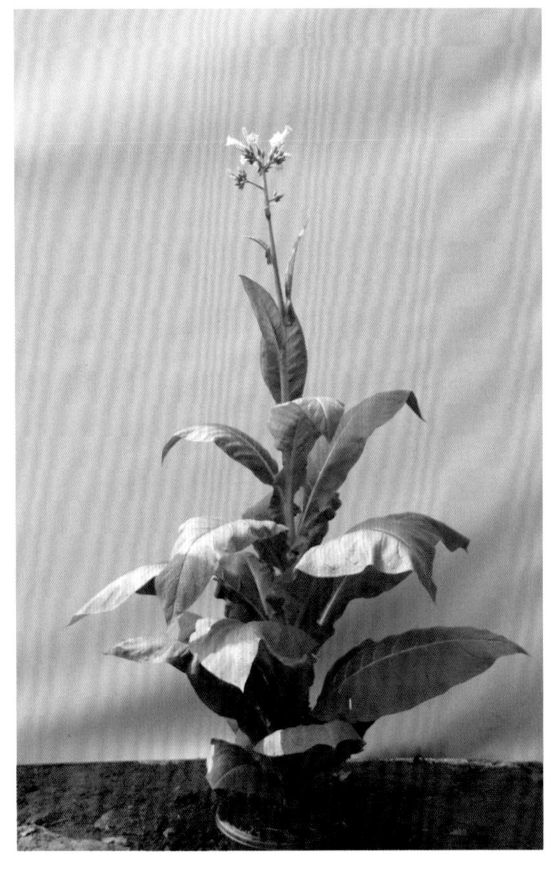

种质来源：2017 年引进的斯洛文尼亚雪茄烟种质资源。

特征特性：株型塔形，叶面较平，叶形长椭圆，叶尖渐尖，叶缘微波，叶色绿，叶耳大，叶片主脉粗，花序密集、球形，花色淡红，株高 134.40 cm，茎围 7.60 cm，节距 5.18 cm，叶数 20.60 片，腰叶长 63.40 cm，腰叶宽 27.30 cm，无叶柄，主侧脉夹角 64.92°，支脉数 12.60 条，茎叶夹角 47.82°，腰叶下部、中部、上部厚度分别为 0.300 mm、0.358 mm、0.370 mm，腰叶支脉下部、中部、上部粗细分别为 1.536 mm、1.762 mm、0.842 mm，移栽至现蕾天数为 58 d，移栽至中心花开放天数为 64 d。

外观质量：原烟呈黄褐色，成熟度为完熟，叶片结构尚疏松，身份稍薄，油分稍有，色度强，脉叶色泽较一致。

化学成分：总糖含量为 1.38%，还原糖含量为 0.98%，两糖差 0.40%，两糖比 0.71，总氮含量为 3.52%，总植物碱含量为 5.17%，总糖/烟碱 0.27，还原糖/烟碱 0.19，总氮/烟碱 0.68，氧化钾含量为 4.46%，氯离子含量为 1.26%，钾氯比 3.54。

适宜类型：茄芯。

分子指纹特征码：11222211331133444411133442212（与下面的指纹图谱相对应）。

种质资源身份证：040900YJ002017112222113311334444111334422 12F。

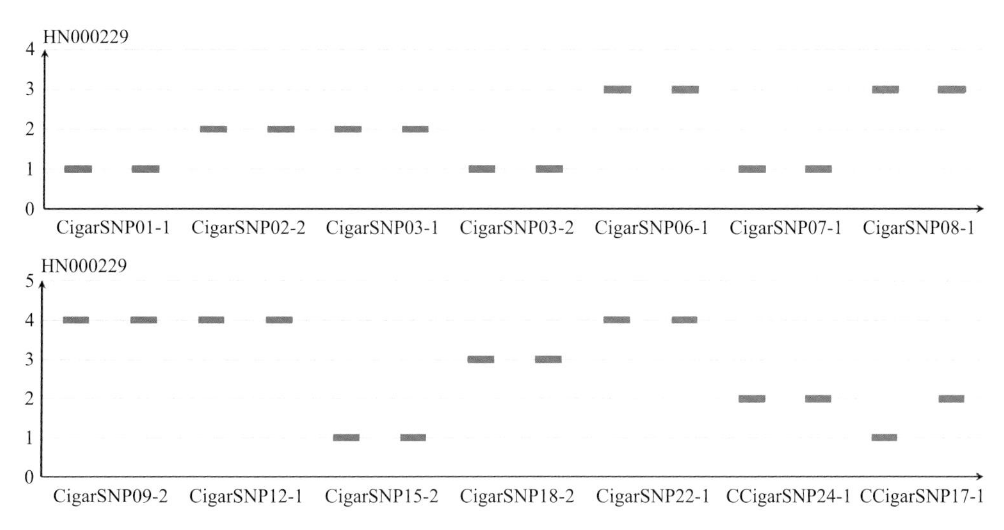

HN000229 的指纹图谱

HN000229 的条形码身份证

HN000229 的二维码身份证

HN000230

种质来源：2017 年引进的挪威雪茄烟种质资源。

特征特性：株型塔形，叶面较平，叶形长椭圆，叶尖渐尖，叶缘微波，叶色绿，叶耳大，叶片主脉粗，花序密集、倒圆锥形，花色淡红，株高 134.40 cm，茎围 7.60 cm，节距 5.18 cm，叶数 20.60 片，腰叶长 63.40 cm，腰叶宽 27.30 cm，无叶柄，主侧脉夹角 64.92°，支脉数 12.60 条，茎叶夹角 47.82°，腰叶下部、中部、上部厚度分别为 0.300 mm、0.358 mm、0.370 mm，腰叶支脉下部、中部、上部粗细分别为 1.536 mm、1.762 mm、0.842 mm，移栽至现蕾天数为 58 d，移栽至中心花开放天数为 64 d。

外观质量：原烟呈黄褐色，成熟度为完熟，叶片结构尚疏松，身份稍薄，油分稍有，色度强，脉叶色泽较一致。

化学成分：总糖含量为 0.82%，还原糖含量为 0.42%，两糖差 0.40%，两糖比 0.51，总氮含量为 3.60%，总植物碱含量为 6.14%，总糖/烟碱 0.13，还原糖/烟碱 0.07，总氮/烟碱 0.59，氧化钾含量为 4.91%，氯离子含量为 1.28%，钾氯比 3.84。

适宜类型：茄衣。

分子指纹特征码：11225511331133114411444422 12（与下面的指纹图谱相对应）。

种质资源身份证：040900YJ00201711225511331133114411444422 12W。

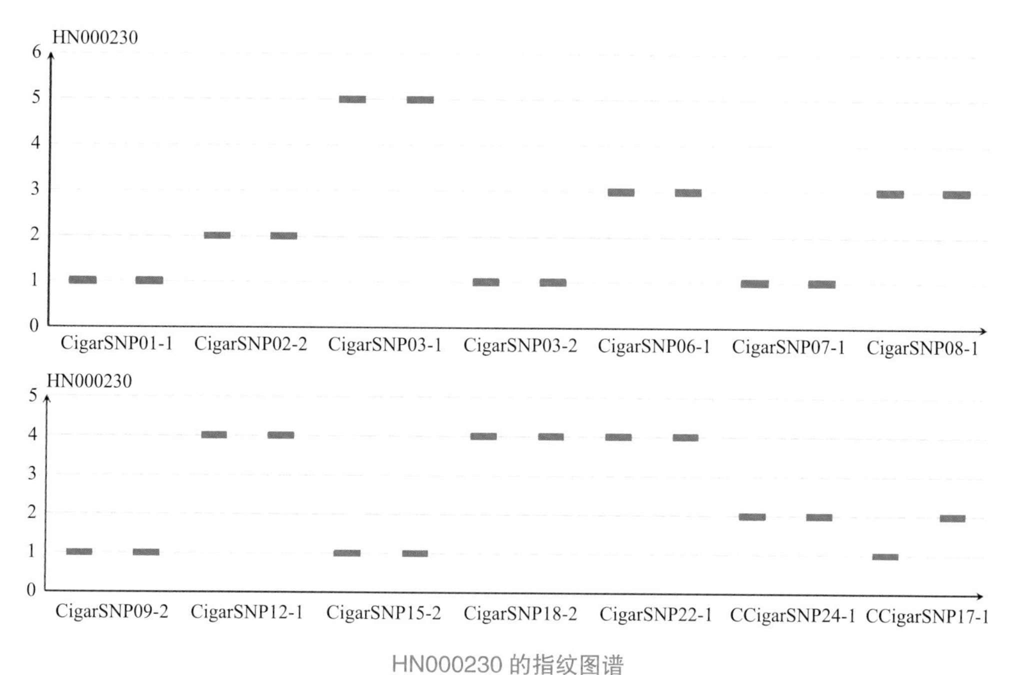

HN000230 的指纹图谱

HN000230 的条形码身份证

HN000230 的二维码身份证

HN000231

种质来源：2016 年引进的多米尼加雪茄烟种质资源。

特征特性：株型塔形，叶面较平，叶形长椭圆，叶尖渐尖，叶缘微波，叶色绿，叶耳大，叶片主脉中等粗细，花序松散、扁球形，花色淡红，株高 174.80 cm，茎围 6.20 cm，节距 6.18 cm，叶数 23.20片，腰叶长 49.40 cm，腰叶宽 21.10 cm，无叶柄，主侧脉夹角 59.96°，支脉数 13.40条，茎叶夹角 50.96°，腰叶下部、中部、上部厚度分别为 0.336 mm、0.408 mm、0.374 mm，腰叶支脉下部、中部、上部粗细分别为 1.526 mm、1.750 mm、0.918 mm，移栽至现蕾天数为 66 d，移栽至中心花开放天数为 72 d。

外观质量：原烟呈浅褐色，成熟度为成熟，叶片结构尚疏松，身份薄，油分稍有，色度中，脉叶色泽较一致。

化学成分：总糖含量为 1.08%，还原糖含量为 0.53%，两糖差 0.55%，两糖比 0.49，总氮含量为 2.76%，总植物碱含量为 3.61%，总糖/烟碱 0.30，还原糖/烟碱 0.15，总氮/烟碱 0.76，氧化钾含量为 4.61%，氯离子含量为 0.64%，钾氯比 7.20。

适宜类型：茄芯。

分子指纹特征码：33111155333333114422444442412（与下面的指纹图谱相对应）。

种质资源身份证：040900YJ0020173311115533333311442244444 2412F。

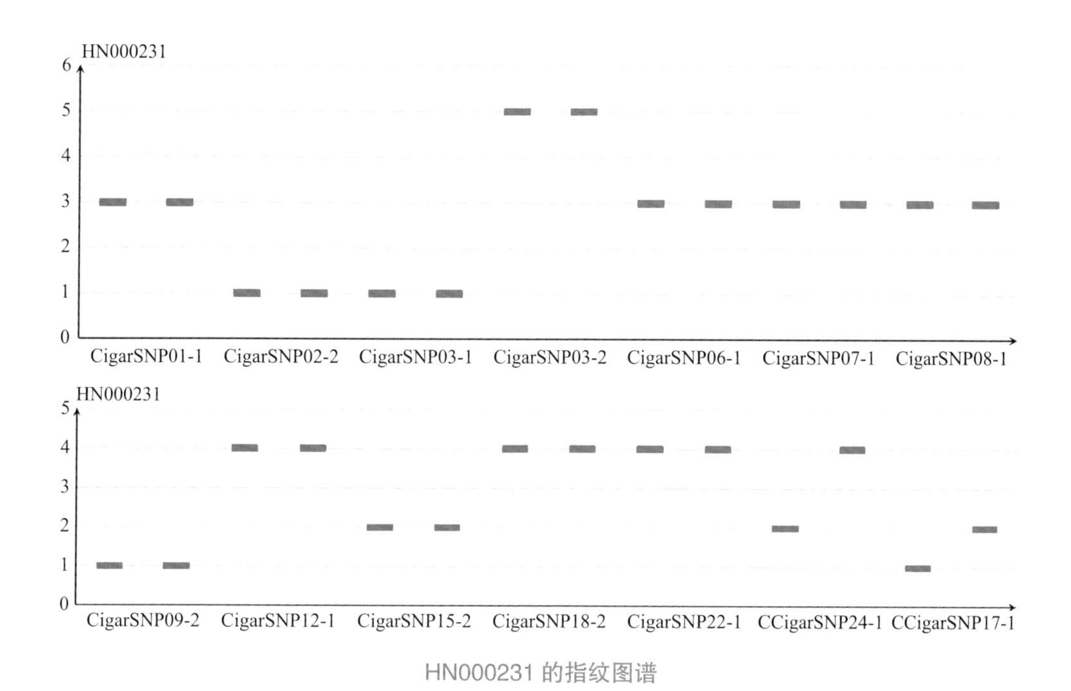

HN000231 的指纹图谱

040900YJ00201733111155333333114422444442412F

HN000231 的条形码身份证

HN000231 的二维码身份证

HN000236

种质来源：2017 年引进的印度尼西亚雪茄烟种质资源。

特征特性：株型塔形，叶面平整，叶形椭圆，叶尖渐尖，叶缘微波，叶色绿，叶耳中，叶片主脉中等粗细，花序密集、球形，花色淡红，株高 193.20 cm，茎围 6.90 cm，节距 7.16 cm，叶数 22.00 片，腰叶长 49.90 cm，腰叶宽 28.60 cm，无叶柄，主侧脉夹角 74.18°，支脉数 11.20 条，茎叶夹角 60.06°，腰叶下部、中部、上部厚度分别为 0.336 mm、0.368 mm、0.338 mm，腰叶支脉下部、中部、上部粗细分别为 1.306 mm、1.734 mm、0.754 mm，移栽至现蕾天数为 68 d，移栽至中心花开放天数为 76 d。

外观质量：原烟呈黄褐色，成熟度为完熟，叶片结构紧密，身份稍厚，油分少，色度弱，脉叶色泽一致性一般。

适宜类型：茄芯。

分子指纹特征码：33111111551133114411144114412（与下面的指纹图谱相对应）。

种质资源身份证：040900YJ00201733111111551133114411144114412F。

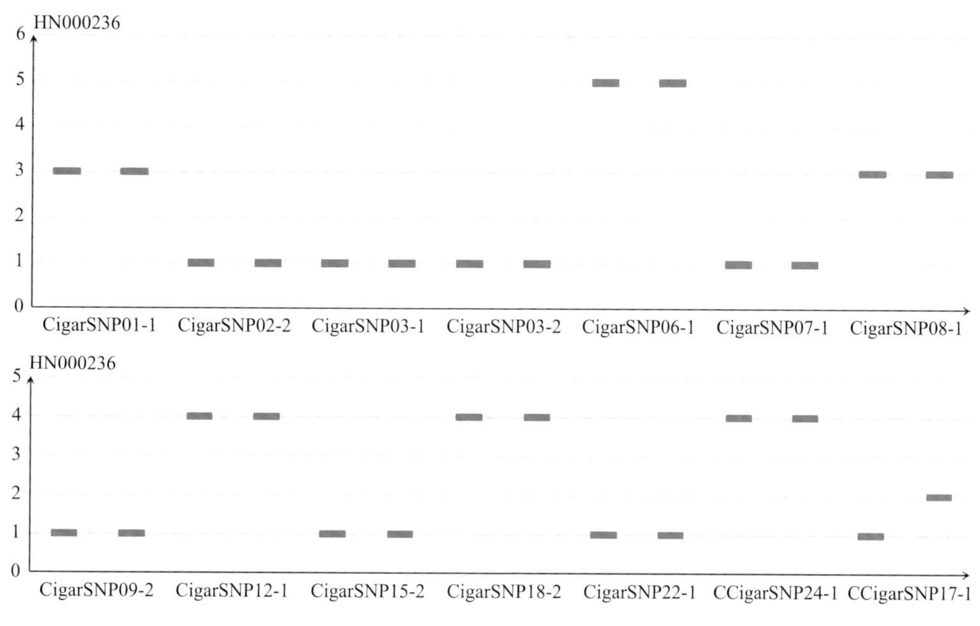

HN000236 的指纹图谱

HN000236 的条形码身份证

HN000236 的二维码身份证

HN000014

种质来源：2018 年收集的广西壮族自治区地方晾烟种质资源。

特征特性：株型筒形，叶面较平，叶形长椭圆，叶尖尾尖，叶缘微波，叶色绿，叶耳中，叶片主脉中等粗细，花序松散、菱形，花色红，株高 151.40 cm，茎围 5.40 cm，节距 6.46 cm，叶数 20.20 片，腰叶长 42.20 cm，腰叶宽 14.10 cm，无叶柄，主侧脉夹角 57.20°，支脉数 10.80 条，茎叶夹角 55.10°，腰叶下部、中部、上部厚度分别为 0.338 mm、0.390 mm、0.362 mm，腰叶支脉下部、中部、上部粗细分别为 1.334 mm、1.146 mm、0.702 mm，移栽至现蕾天数为 68 d，移栽至中心花开放天数为 70 d。

外观质量：原烟呈微青色，成熟度为欠熟，叶片结构紧密，身份稍厚，油分稍有，色度中，脉叶色泽一致性一般。

适宜类型：茄芯。

分子指纹特征码：11112222445544114411441 12222（与下面的指纹图谱相对应）。

种质资源身份证：040900DL45201811112222445544114411441 12222F。

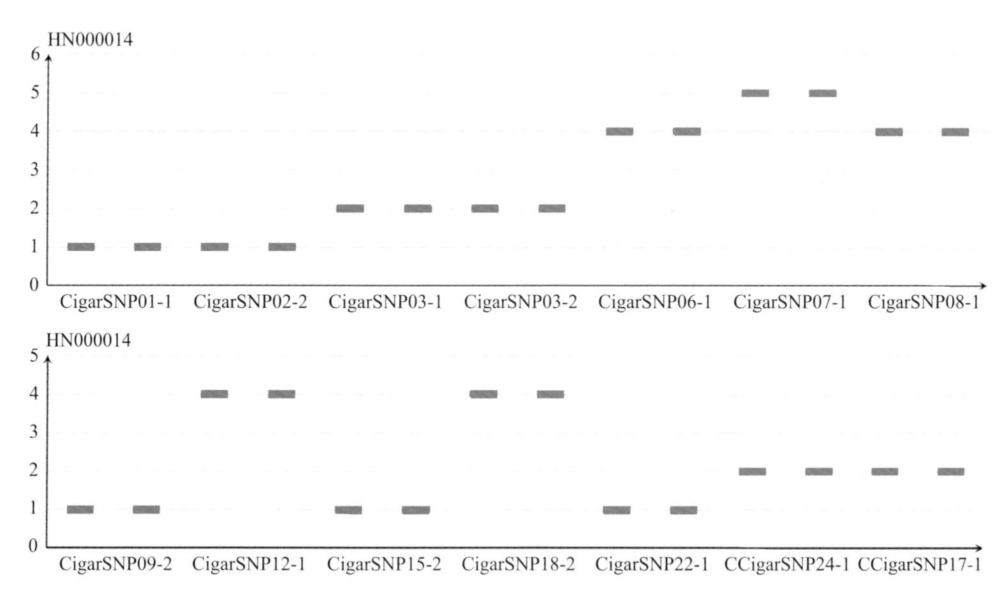

HN000014 的指纹图谱

HN000014 的条形码身份证

HN000014 的二维码身份证

HN000015

种质来源：2018 年收集的广西壮族自治区地方晾烟种质资源。

特征特性：株型塔形，叶面皱，叶形长卵圆，叶尖渐尖，叶缘皱折，叶色绿，叶耳大，叶片主脉粗，花序松散、菱形，花色淡红，株高 178.40 cm，茎围 11.10 cm，节距 4.68 cm，叶数 31.60 片，腰叶长 69.40 cm，腰叶宽 28.20 cm，无叶柄，主侧脉夹角 49.72°，支脉数 13.00 条，茎叶夹角 49.90°，腰叶下部、中部、上部厚度分别为 0.250 mm、0.338 mm、0.336 mm，腰叶支脉下部、中部、上部粗细分别为 1.370 mm、1.922 mm、0.838 mm。

外观质量：原烟呈红褐色，成熟度为完熟，叶片结构紧密，身份稍厚，油分稍有，色度中，脉叶色泽一致性一般。

适宜类型：茄芯。

分子指纹特征码：11552222443344553322244112212（与下面的指纹图谱相对应）。

种质资源身份证：040900DL45201811552222443344553322244112212F。

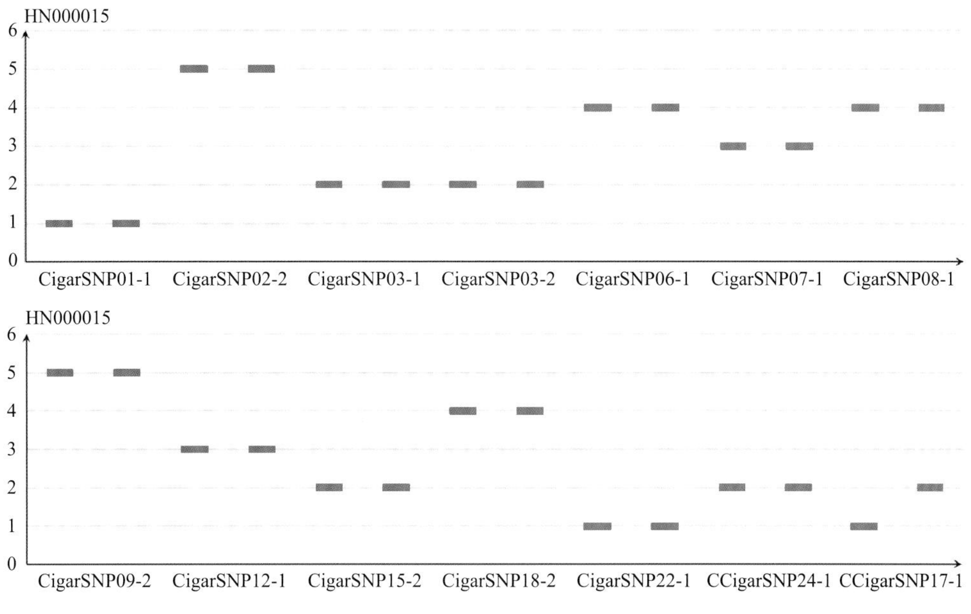

HN000015 的指纹图谱

HN000015 的条形码身份证

HN000015 的二维码身份证

HN000016

种质来源：2018 年收集的广西壮族自治区地方晾烟种质资源。

特征特性：株型塔形，叶面皱，叶形长椭圆，叶尖渐尖，叶缘皱折，叶色深绿，叶耳大，叶片主脉中等粗细，花序密集、球形，花色淡红，株高 146.60 cm，茎围 7.30 cm，节距 7.62 cm，叶数 17.80 片，腰叶长 52.20 cm，腰叶宽 25.40 cm，无叶柄，主侧脉夹角 63.44°，支脉数 12.20 条，茎叶夹角 47.18°，腰叶下部、中部、上部厚度分别为 0.274 mm、0.348 mm、0.342 mm，腰叶支脉下部、中部、上部粗细分别为 1.346 mm、1.390 mm、0.762 mm，移栽至现蕾天数为 65 d，移栽至中心花开放天数为 72 d。

外观质量：原烟呈红褐色，成熟度为完熟，叶片结构紧密，油分稍有，色度中，脉叶色泽一致性一般。

适宜类型：茄芯。

分子指纹特征码：11551111335533114411444442222（与下面的指纹图谱相对应）。

种质资源身份证：040900DL45201811551111335533114411444442222F。

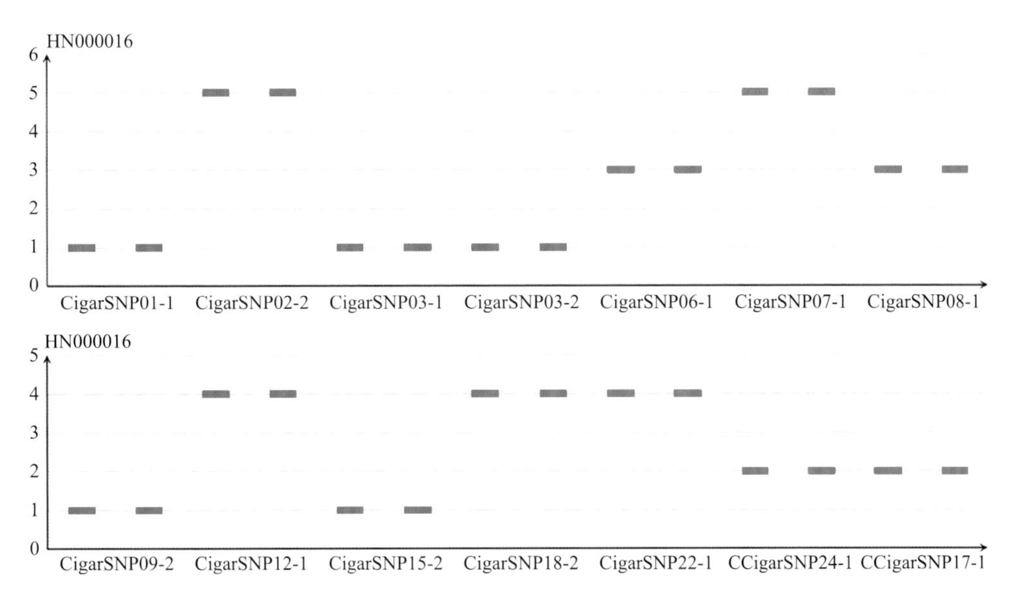

HN000016 的指纹图谱

HN000016 的条形码身份证

HN000016 的二维码身份证

HN000018

种质来源：2018 年收集的广西壮族自治区地方晾烟种质资源。

特征特性：株型塔形，叶面皱，叶形长椭圆，叶尖渐尖，叶缘皱折，叶色浅绿，叶耳大，叶片主脉中等粗细，花序松散、菱形，花色淡红，株高 181.00 cm，茎围 8.50 cm，节距 8.08 cm，叶数 17.40 片，腰叶长 60.90 cm，腰叶宽 36.80 cm，无叶柄，主侧脉夹角 66.88°，支脉数 12.60 条，茎叶夹角 52.94°，腰叶下部、中部、上部厚度分别为 0.290 mm、0.352 mm、0.368 mm，腰叶支脉下部、中部、上部粗细分别为 1.912 mm、1.988 mm、0.864 mm，移栽至现蕾天数为 55 d，移栽至中心花开放天数为 68 d。

外观质量：原烟呈黄褐色，成熟度为尚熟，叶片结构稍密，身份稍厚，油分稍有，色度中，脉叶色泽一致性一般。

适宜类型：茄芯。

分子指纹特征码：3311112244333344331144112212（与下面的指纹图谱相对应）。

种质资源身份证：040900DL4520183311112244333344331144112212F。

注：经 SNP 分子标记及田间表型鉴定，HN000019 与 HN000018 为同一种质。

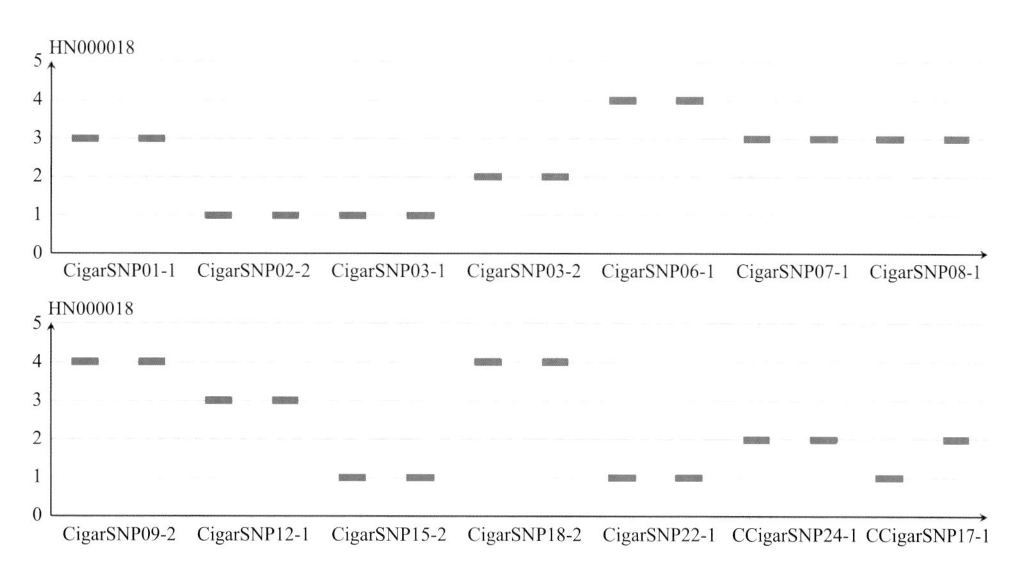

HN000018 的指纹图谱

HN000018 的条形码身份证

HN000018 的二维码身份证

HN000020

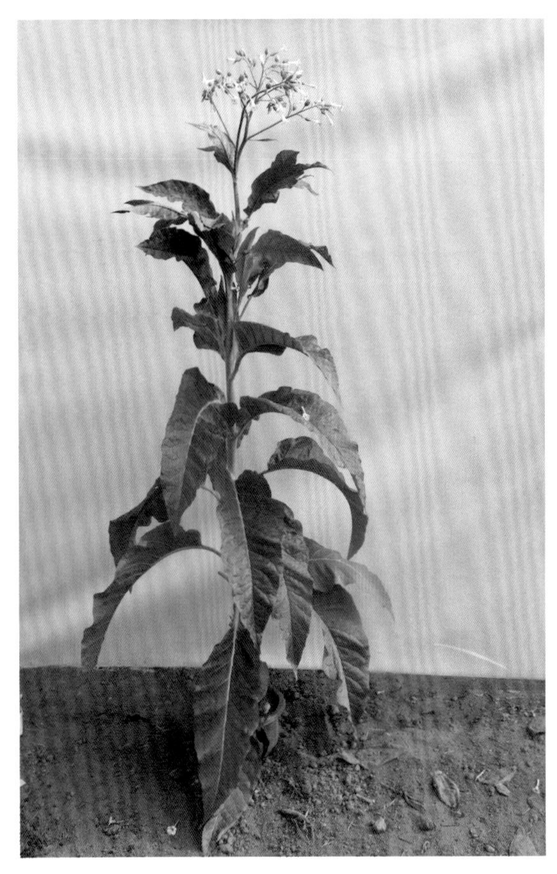

种质来源：2018 年收集的广西壮族自治区地方晾烟种质资源。

特征特性：株型塔形，叶面皱，叶形披针形，叶尖尾尖，叶缘皱折，叶色深绿，无叶耳，叶片主脉粗，花序松散、扁球形，花色淡红，株高 172.40 cm，茎围 11.50 cm，节距 4.88 cm，叶数 24.80 片，腰叶长 69.60 cm，腰叶宽 25.70 cm，叶柄 10.90 cm，主侧脉夹角 55.76°，支脉数 14.00 条，茎叶夹角 61.26°，腰叶下部、中部、上部厚度分别为 0.320 mm、0.354 mm、0.370 mm，腰叶支脉下部、中部、上部粗细分别为 1.868 mm、1.550 mm、0.828 mm，移栽至现蕾天数为 91 d，移栽至中心花开放天数为 99 d。

外观质量：原烟呈红褐色，成熟度为完熟，叶片结构稍密，身份适中，油分多，色度强，脉叶色泽较一致。

适宜类型：茄芯。

分子指纹特征码：3311122243133341331144112412（与下面的指纹图谱相对应）。

种质资源身份证：040900DL4520183311122243133341331144112412F。

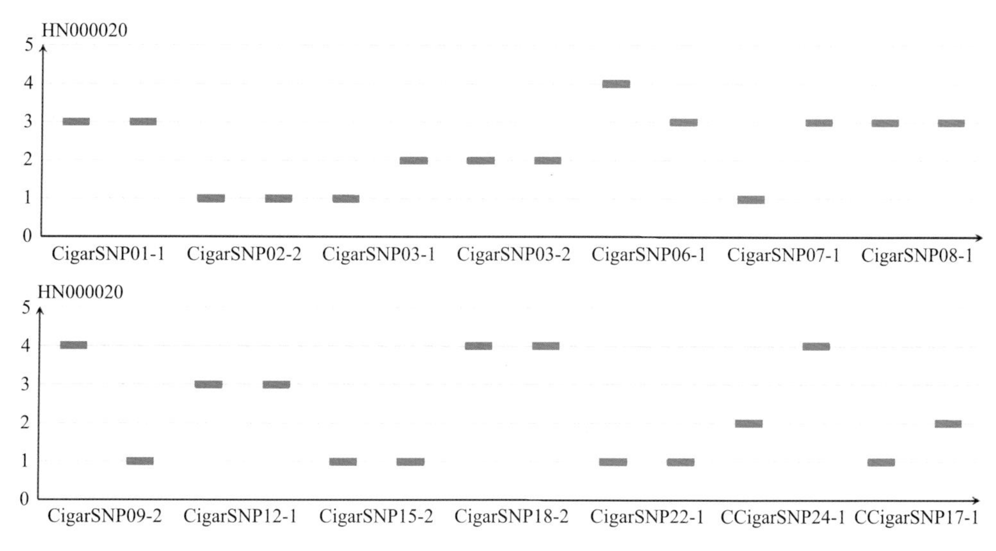

HN000020 的指纹图谱

HN000020 的条形码身份证

HN000020 的二维码身份证

HN000021

种质来源：2018 年收集的广西壮族自治区地方晾烟种质资源。

特征特性：株型塔形，叶面皱，叶形长椭圆，叶尖渐尖，叶缘皱折，叶色浅绿，叶耳小，叶片主脉粗，花序松散、菱形，花色淡红，株高 153.60 cm，茎围 6.60 cm，节距 8.20 cm，叶数 13.60 片，腰叶长 50.70 cm，腰叶宽 27.20 cm，无叶柄，主侧脉夹角 71.20°，支脉数 10.40 条，茎叶夹角 62.24°，腰叶下部、中部、上部厚度分别为 0.306 mm、0.344 mm、0.368 mm，腰叶支脉下部、中部、上部粗细分别为 1.454 mm、1.520 mm、0.700 mm，移栽至现蕾天数为 55 d，移栽至中心花开放天数为 68 d。

外观质量：原烟呈红褐色，成熟度为完熟，叶片结构紧密，身份稍厚，油分有，色度中，脉叶色泽较一致。

适宜类型：茄芯。

分子指纹特征码：11111122443333443311441122 12（与下面的指纹图谱相对应）。

种质资源身份证：040900DL45201811111122443333443311441122 12F。

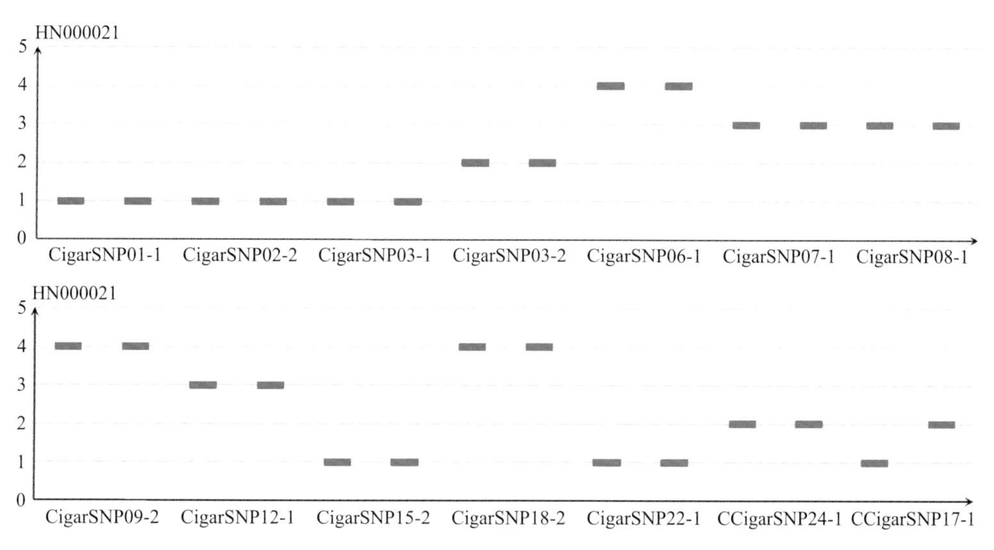

HN000021 的指纹图谱

HN000021 的条形码身份证

HN000021 的二维码身份证

HN000022

种质来源：2018 年收集的广西壮族自治区地方晾烟种质资源。

特征特性：株型塔形，叶面较皱，叶形卵圆，叶尖渐尖，叶缘波浪，叶色绿，叶耳小，叶片主脉中等粗细，花序密集、球形，花色淡红，株高 216.40 cm，茎围 7.60 cm，节距 8.84 cm，叶数 21.00 片，腰叶长 51.10 cm，腰叶宽 26.10 cm，叶柄 6.70 cm，主侧脉夹角 60.38°，支脉数 10.40 条，茎叶夹角 54.70°，腰叶下部、中部、上部厚度分别为 0.296 mm、0.384 mm、0.350 mm，腰叶支脉下部、中部、上部粗细分别为 1.966 mm、1.806 mm、0.854 mm，移栽至现蕾天数为72 d，移栽至中心花开放天数为 80 d。

外观质量：原烟呈微青色，成熟度为欠熟，叶片结构紧密，身份稍厚，油分少，色度弱，脉叶色泽一致性一般。

适宜类型：茄芯。

分子指纹特征码：33111122331144113311441122l2（与下面的指纹图谱相对应）。

种质资源身份证：040900DL45201833111122331144113311441122l2F。

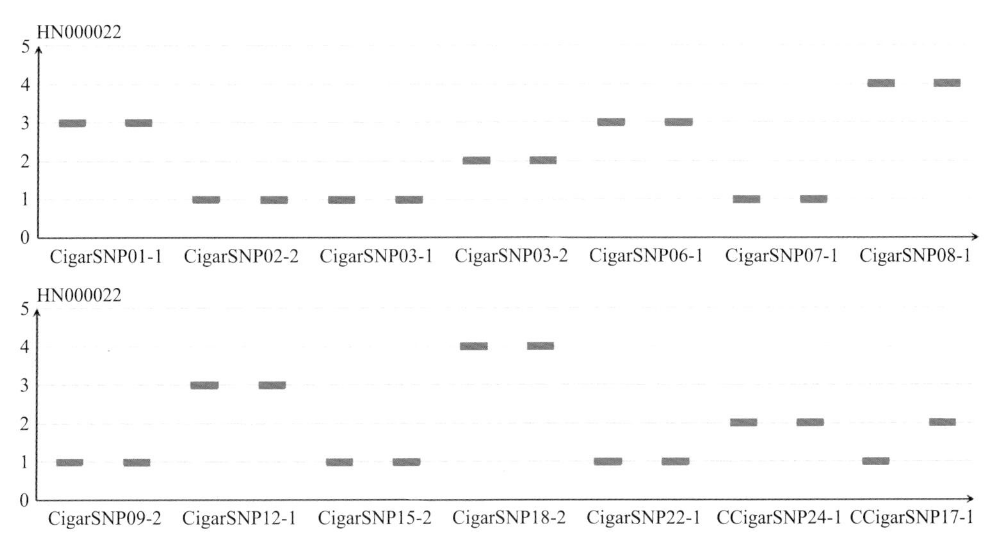

HN000022 的指纹图谱

HN000022 的条形码身份证

HN000022 的二维码身份证

HN000023

种质来源：2018 年收集的广西壮族自治区地方晾烟种质资源。

特征特性：株型塔形，叶面平整，叶形长椭圆，叶尖渐尖，叶缘微波，叶色深绿，叶耳小，叶片主脉细，花序松散、菱形，花色淡红，株高 159.80 cm，茎围 5.60 cm，节距 7.64 cm，叶数 16.40 片，腰叶长 44.40 cm，腰叶宽 19.10 cm，无叶柄，主侧脉夹角 52.64°，支脉数 11.20 条，茎叶夹角 113.56°，腰叶下部、中部、上部厚度分别为 0.374 mm、0.420 mm、0.410 mm，腰叶支脉下部、中部、上部粗细分别为 1.170 mm、1.340 mm、0.914 mm，移栽至现蕾天数为 55 d，移栽至中心花开放天数为 58 d。

外观质量：原烟呈微青色，成熟度为完熟，叶片结构稍密，身份适中，油分有，色度强，脉叶色泽较一致。

适宜类型：茄芯。

分子指纹特征码：3311111133114411331144112212（与下面的指纹图谱相对应）。

种质资源身份证：040900DL4520183311111133114411331144112212F。

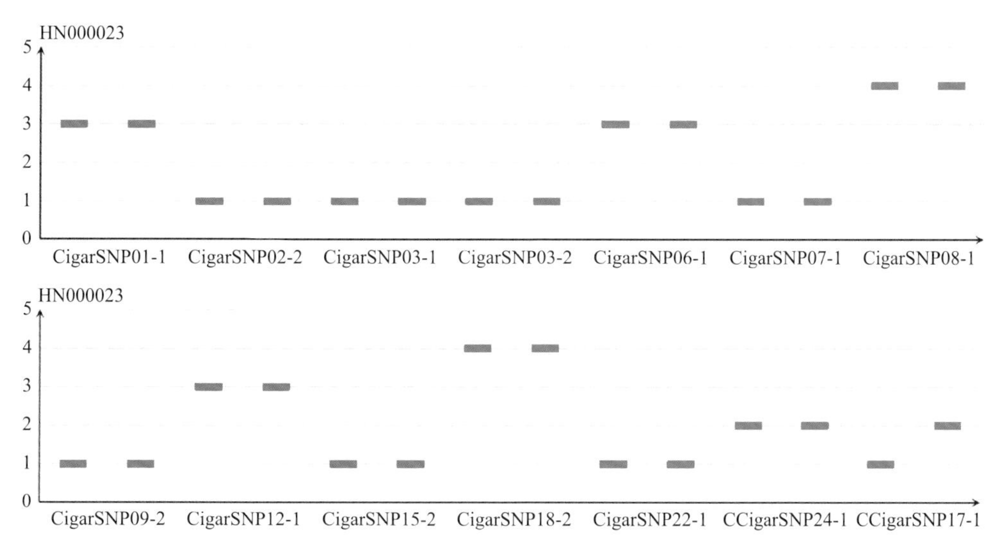

HN000023 的指纹图谱

HN000023 的条形码身份证

HN000023 的二维码身份证

HN000024

种质来源：2018 年收集的广西壮族自治区地方晾烟种质资源。

特征特性：株型塔形，叶面较皱，叶形宽椭圆，叶尖急尖，叶缘皱折，叶色绿，叶耳小，叶片主脉中等粗细，花序松散、菱形，花色淡红，株高 191.00 cm，茎围 6.80 cm，节距 9.02 cm，叶数 15.00 片，腰叶长 44.90 cm，腰叶宽 29.50 cm，无叶柄，主侧脉夹角 73.38°，支脉数 9.60 条，茎叶夹角 122.88°，腰叶下部、中部、上部厚度分别为 0.392 mm、0.442 mm、0.442 mm，腰叶支脉下部、中部、上部粗细分别为 1.428 mm、1.702 mm、0.970 mm，移栽至现蕾天数为 55 d，移栽至中心花开放天数为 61 d。

外观质量：原烟呈黄褐色，成熟度为完熟，叶片结构紧密，身份稍厚，油分稍有，色度中，脉叶色泽一致性一般。

适宜类型：茄芯。

分子指纹特征码：3322111155114411441144112212（与下面的指纹图谱相对应）。

种质资源身份证：040900DL4520183322111155114411441144112212F。

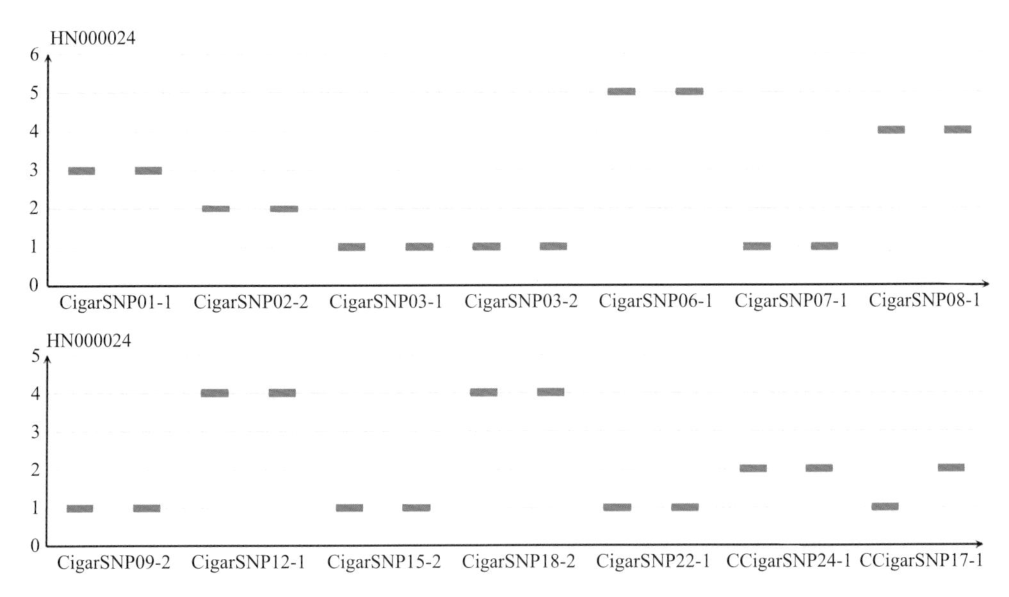

HN000024 的指纹图谱

HN000024 的条形码身份证

HN000024 的二维码身份证

HN000025

种质来源：2018 年收集的广西壮族自治区地方晾烟种质资源。

特征特性：株型塔形，叶面皱，叶形宽椭圆，叶尖急尖，叶缘波浪，叶色绿，叶耳中，叶片主脉粗，花序密集、球形，花色淡红，株高 211.40 cm，茎围 9.50 cm，节距 7.56 cm，叶数 26.20 片，腰叶长 59.30 cm，腰叶宽 37.30 cm，叶柄 8.50 cm，主侧脉夹角 65.92°，支脉数 9.80 条，茎叶夹角 51.80°，腰叶下部、中部、上部厚度分别为 0.330 mm、0.314 mm、0.322 mm，腰叶支脉下部、中部、上部粗细分别为 2.748 mm、2.290 mm、1.128 mm，移栽至现蕾天数为 72 d，移栽至中心花开放天数为 78 d。

外观质量：原烟呈黄褐色，成熟度为尚熟，叶片结构紧密，身份稍厚，油分稍有，色度中，脉叶色泽一致性一般。

适宜类型：茄芯。

分子指纹特征码：11111155331133444411334422 12（与下面的指纹图谱相对应）。

种质资源身份证：040900DL452018111111553311334444113344221 2F。

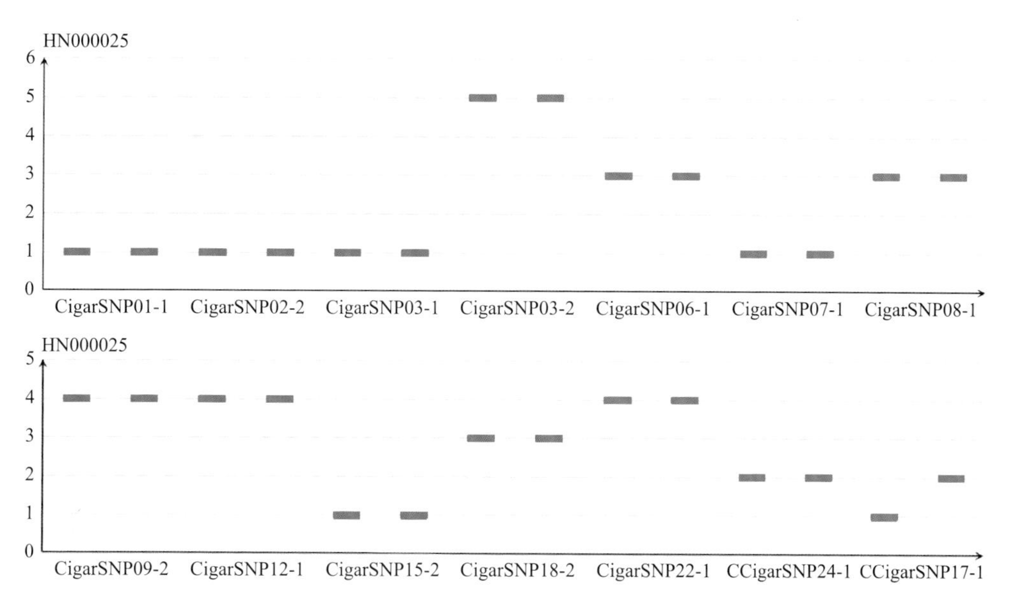

HN000025 的指纹图谱

HN000025 的条形码身份证

HN000025 的二维码身份证

HN000026

种质来源：2018 年收集的广西壮族自治区地方晾烟种质资源。

特征特性：株型塔形，叶面较平，叶形长椭圆，叶尖尾尖，叶缘波浪，叶色绿，叶耳大，叶片主脉中等粗细，花序松散、菱形，花色淡红，株高 113.00 cm，茎围 5.00 cm，节距 5.20 cm，叶数 11.80 片，腰叶长 47.70 cm，腰叶宽 19.60 cm，无叶柄，主侧脉夹角 66.60°，支脉数 12.00 条，茎叶夹角 63.28°，腰叶下部、中部、上部厚度分别为 0.334 mm、0.402 mm、0.394 mm，腰叶支脉下部、中部、上部粗细分别为 0.948 mm、1.222 mm、0.818 mm，移栽至现蕾天数为 44 d，移栽至中心花开放天数为 48 d。

外观质量：原烟呈红褐色，成熟度为完熟，叶片结构稍密，身份适中，油分有，色度强，脉叶色泽较一致。

适宜类型：茄芯。

分子指纹特征码：33111111441144113322441122212（与下面的指纹图谱相对应）。

种质资源身份证：040900DL45201833111111441144113322441122212F。

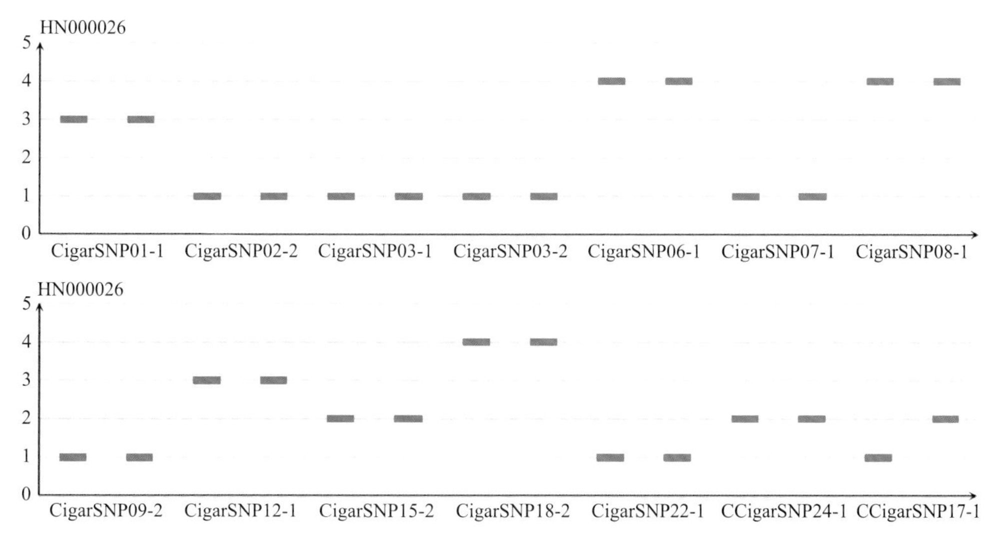

HN000026 的指纹图谱

HN000026 的条形码身份证

HN000026 的二维码身份证

HN000012

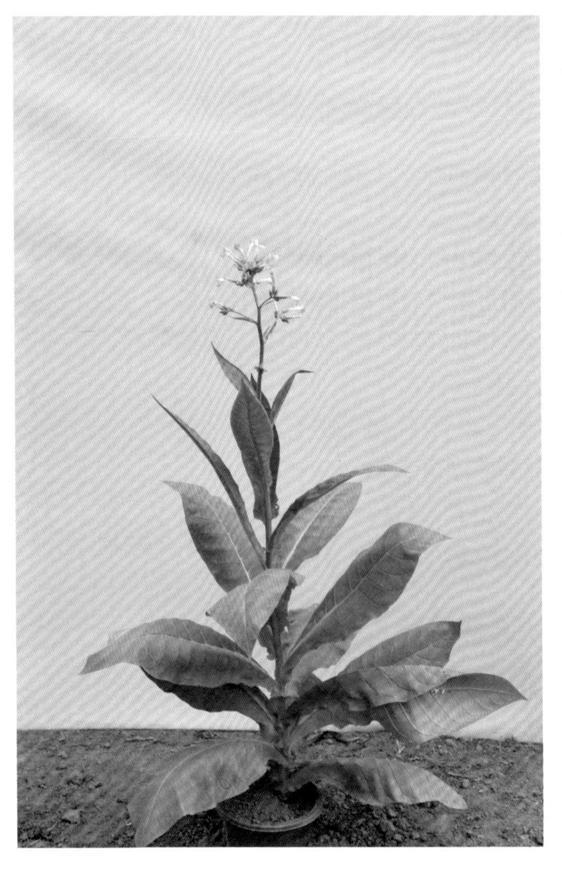

种质来源：2018 年收集的黑龙江省地方晒烟种质资源。

特征特性：株型塔形，叶面平整，叶形长椭圆，叶尖渐尖，叶缘平滑，叶色绿，叶耳大，叶片主脉中等粗细，花序密集、球形，花色淡红，株高 141.40 cm，茎围 7.60 cm，节距 5.56 cm，叶数 20.00 片，腰叶长 61.70 cm，腰叶宽 26.40 cm，无叶柄，主侧脉夹角 63.92°，支脉数 12.40 条，茎叶夹角 56.98°，腰叶下部、中部、上部厚度分别为 0.328 mm、0.402 mm、0.436 mm，腰叶支脉下部、中部、上部粗细分别为 1.152 mm、1.588 mm、0.708 mm，移栽至现蕾天数为 55 d，移栽至中心花开放天数为 65 d。

外观质量：原烟呈红褐色，成熟度为完熟，叶片结构稍密，身份适中，油分多，色度强，脉叶色泽一致。

适宜类型：茄芯。

分子指纹特征码：5511222244114411332233114412（与下面的指纹图谱相对应）。

种质资源身份证：040900DS2320185511222244114411332233114412F。

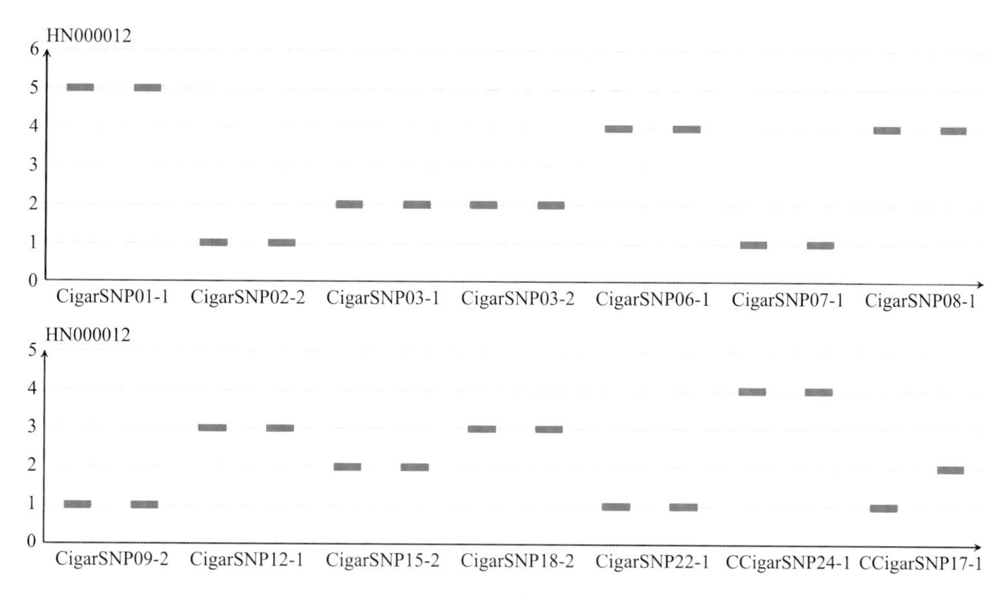

HN000012 的指纹图谱

HN000012 的条形码身份证

HN000012 的二维码身份证

HN000027

种质来源：2017年收集的四川省地方雪茄烟种质资源。

特征特性：株型筒形，叶面较皱，叶形长椭圆，叶尖渐尖，叶缘微波，叶色绿，叶耳中，叶片主脉中等粗细，花序密集、球形，花色淡红，株高183.60 cm，茎围6.80 cm，节距6.86 cm，叶数20.00片，腰叶长45.40 cm，腰叶宽26.40 cm，无叶柄，主侧脉夹角65.86°，支脉数11.40条，茎叶夹角61.18°，腰叶下部、中部、上部厚度分别为0.244 mm、0.256 mm、0.296 mm，腰叶支脉下部、中部、上部粗细分别为1.424 mm、1.504 mm、0.942 mm，移栽至现蕾天数为55 d，移栽至中心花开放天数为63 d。

外观质量：原烟呈黄褐色，成熟度为完熟，叶片结构尚疏松，身份稍薄，油分有，色度中，脉叶色泽较一致。

适宜类型：茄衣。

分子指纹特征码：3311112244334444331144112212（与下面的指纹图谱相对应）。

种质资源身份证：040900DS4520183311112244334444331144112212W。

注：经SNP分子标记和田间表型鉴定，HN000137、HN000192与HN000027为同一种质。

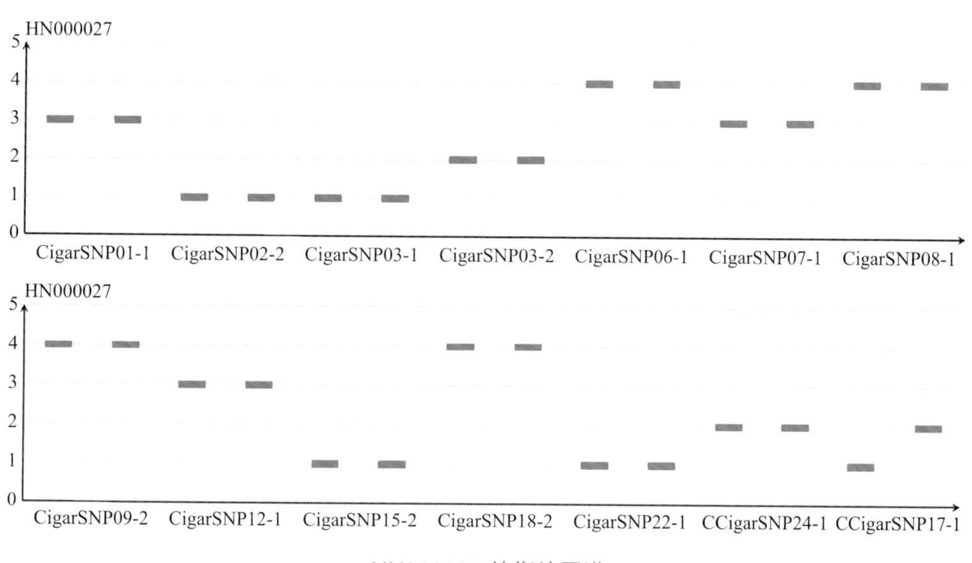

HN000027 的指纹图谱

HN000027 的条形码身份证

HN000027 的二维码身份证

HN000028

种质来源：2017 年从古巴引进的晒烟种质资源。

特征特性：株型橄榄形，叶面平整，叶尖渐尖，叶缘微波，叶色绿，叶耳中，叶片主脉中等粗细，花序密集、球形，花色淡红，株高 176.80 cm，茎围 7.90 cm，节距 5.74 cm，叶数 24.00 片，腰叶长 49.90 cm，腰叶宽 27.20 cm，无叶柄，主侧脉夹角 63.74°，支脉数 11.20 条，茎叶夹角 36.74°，腰叶下部、中部、上部厚度分别为 0.324 mm、0.360 mm、0.374 mm，腰叶支脉下部、中部、上部粗细分别为 1.354 mm、1.906 mm、1.010 mm，移栽至现蕾天数为 71 d，移栽至中心花开放天数为 78 d。

外观质量：原烟呈红褐色，成熟度为成熟，叶片结构紧密，身份适中，油分有，色度强，脉叶色泽较一致。

适宜类型：茄芯。

分子指纹特征码：332222113333331133223114412（与下面的指纹图谱相对应）。

种质资源身份证：040900YS00201733222211333333113322331144l2F。

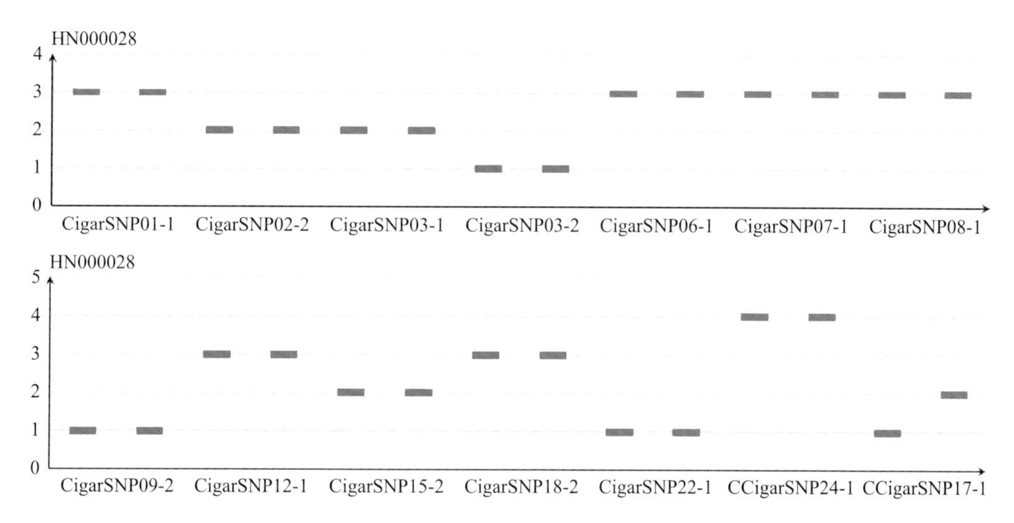

HN000028 的指纹图谱

HN000028 的条形码身份证

HN000028 的二维码身份证

HN000032

种质来源：2016 年收集的海南省地方晒烟种质资源。

特征特性：株型筒形，叶面较平，叶形长椭圆，叶尖渐尖，叶缘微波，叶色绿，叶耳大，叶片主脉中等粗细，花序松散、扁球形，花色淡红，株高 178.20 cm，茎围 5.80 cm，节距 9.70 cm，叶数 15.40 片，腰叶长 44.20 cm，腰叶宽 18.80 cm，无叶柄，主侧脉夹角 61.74°，支脉数 11.40 条，茎叶夹角 72.34°，腰叶下部、中部、上部厚度分别为 0.374 mm、0.428 mm、0.414 mm，腰叶支脉下部、中部、上部粗细分别为 0.962 mm、1.312 mm、0.792 mm，移栽至现蕾天数为 55 d，移栽至中心花开放天数为 67 d。

外观质量：原烟呈红褐色，成熟度为完熟，叶片结构稍密，身份适中，油分多，色度浓，脉叶色泽一致。

适宜类型：茄芯。

分子指纹特征码：3355222233114411331144112212（与下面的指纹图谱相对应）。

种质资源身份证：040900DS46201633552222331144113311441122 12F。

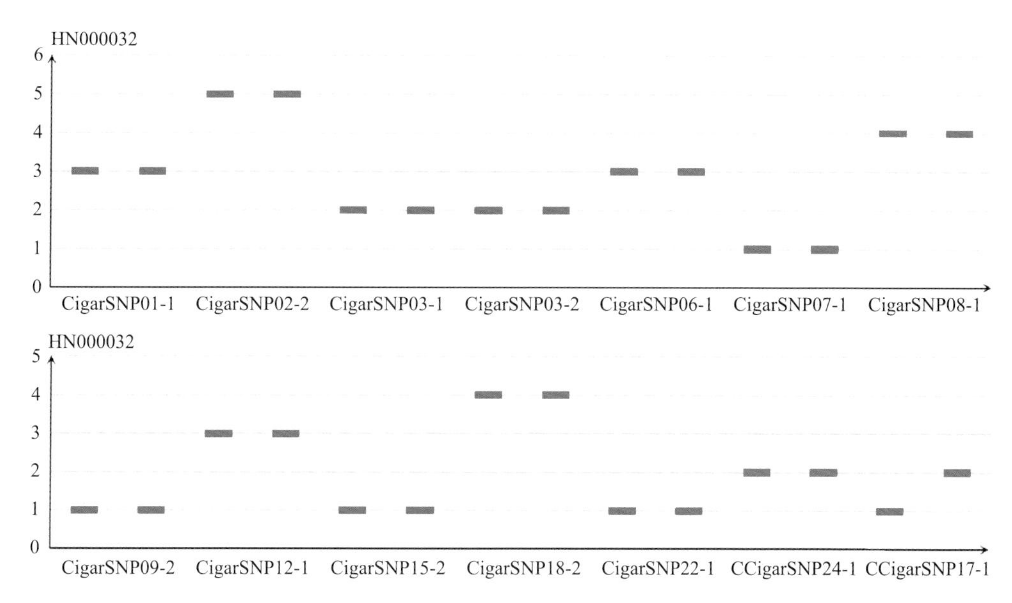

HN000032 的指纹图谱

HN000032 的条形码身份证

HN000032 的二维码身份证

HN000038

种质来源：2017 年收集的浙江省地方晒烟种质资源。

特征特性：株型塔形，叶面较平，叶形卵圆，叶尖渐尖，叶缘平滑，叶色绿，叶耳小，叶片主脉细，花序密集、倒圆锥形，花色淡红，株高 186.20 cm，茎围 7.50 cm，节距 6.02 cm，叶数 21.60 片，腰叶长 43.30 cm，腰叶宽 22.20 cm，叶柄 7.40 cm，主侧脉夹角 56.94°，支脉数 10.00 条，茎叶夹角 46.88°，腰叶下部、中部、上部厚度分别为 0.338 mm、0.352 mm、0.300 mm，腰叶支脉下部、中部、上部粗细分别为 2.284 mm、1.786 mm、0.984 mm，移栽至现蕾天数为 67 d，移栽至中心花开放天数为 73 d。

外观质量：原烟呈红褐色，成熟度为完熟，叶片结构紧密，身份稍厚，油分稍有，色度中，脉叶色泽较一致。

适宜类型：茄芯。

分子指纹特征码：11111122331133113311441122222（与下面的指纹图谱相对应）。

种质资源身份证：040900DS33201711111122331133113311441122222F。

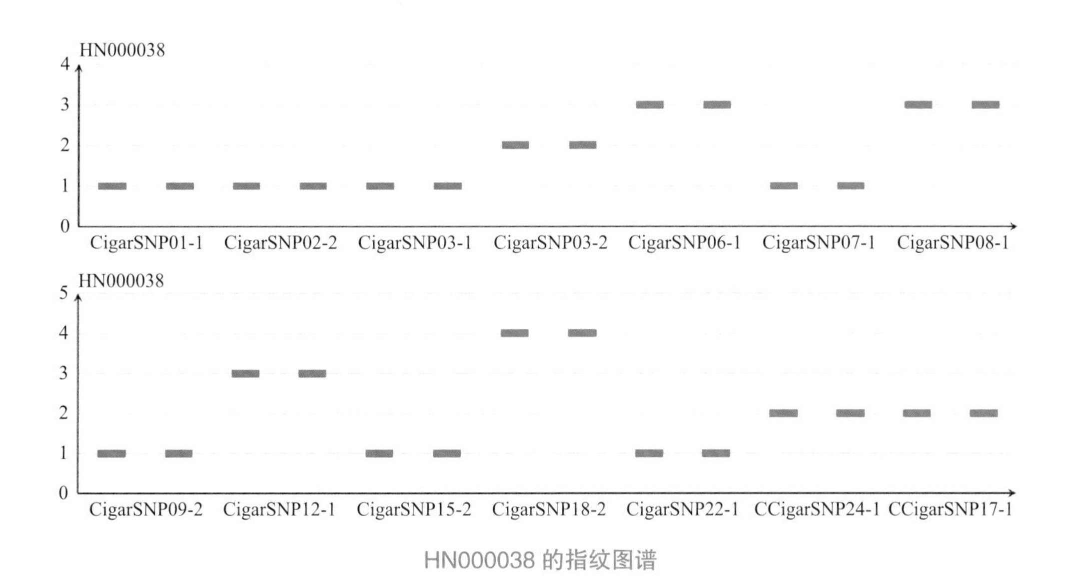

HN000038 的指纹图谱

HN000038 的条形码身份证

HN000038 的二维码身份证

HN000039

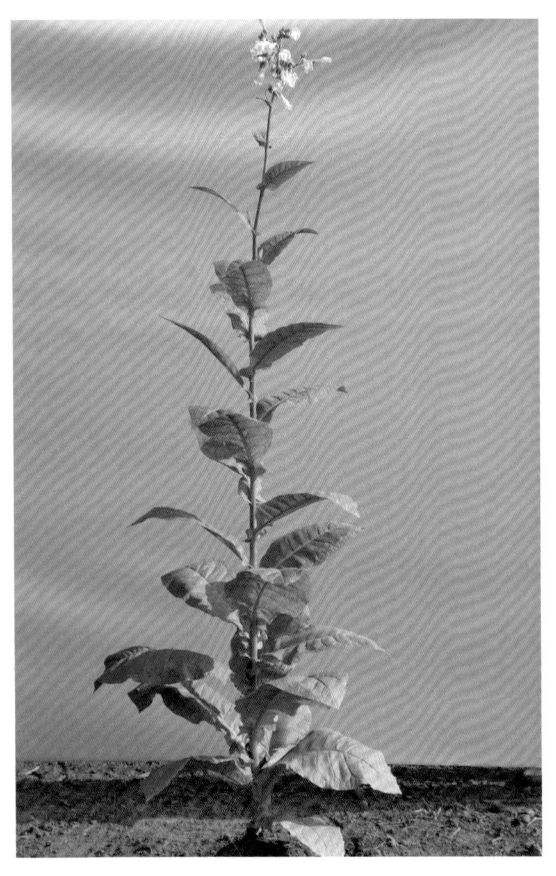

种质来源：2017 年收集的广西壮族自治区地方晒烟种质资源。

特征特性：株型塔形，叶面较皱，叶形椭圆，叶尖急尖，叶缘微波，叶色浅绿，叶耳大，叶片主脉中等粗细，花序松散、菱形，花色淡红，株高 185.30 cm，茎围 7.60 cm，节距 5.66 cm，叶数 22.20 片，腰叶长 49.10 cm，腰叶宽 25.50 cm，无叶柄，主侧脉夹角 65.12°，支脉数 11.20 条，茎叶夹角 46.66°，腰叶下部、中部、上部厚度分别为 0.282 mm、0.326 mm、0.346 mm，腰叶支脉下部、中部、上部粗细分别为 1.374 mm、1.814 mm、1.192 mm，移栽至现蕾天数为 61 d，移栽至中心花开放天数为 67 d。

外观质量：原烟呈黄褐色，成熟度为完熟，叶片结构紧密，身份稍厚，油分稍有，色度中，脉叶色泽较一致。

适宜类型：茄芯。

分子指纹特征码：1122121144114444441144112412（与下面的指纹图谱相对应）。

种质资源身份证：040900DS4520171122121144114444441144112412F。

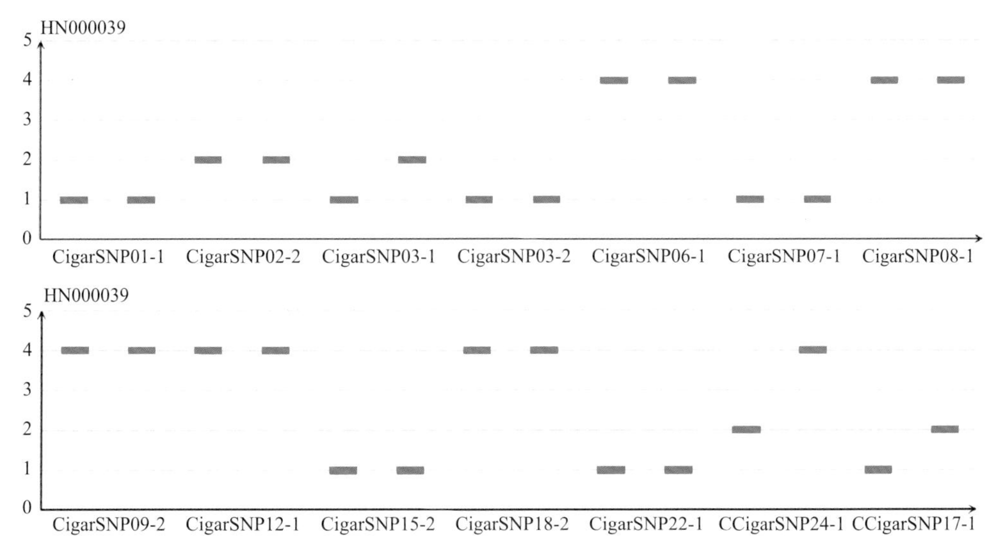

HN000039 的指纹图谱

HN000039 的条形码身份证

HN000039 的二维码身份证

HN000040

种质来源：2017 年收集的云南省地方晒烟种质资源。

特征特性：株型塔形，叶面较平，叶形长椭圆，叶尖渐尖，叶缘微波，叶色浅绿，叶耳中，叶片主脉中等粗细，花序密集、球形，花色淡红，株高 173.00 cm，茎围 7.30 cm，节距 6.04 cm，叶数 22.00 片，腰叶长 42.70 cm，腰叶宽 19.80 cm，无叶柄，主侧脉夹角 73.72°，支脉数 11.00 条，茎叶夹角 40.08°，腰叶下部、中部、上部厚度分别为 0.316 mm、0.374 mm、0.412 mm，腰叶支脉下部、中部、上部粗细分别为 1.748 mm、1.838 mm、0.827 mm，移栽至现蕾天数为 73 d，移栽至中心花开放天数为 81 d。

外观质量：原烟呈黄褐色，成熟度为完熟，叶片结构紧密，身份适中，油分有，色度中，脉叶色泽较一致。

适宜类型：茄芯。

分子指纹特征码：3311111133334444441133112222（与下面的指纹图谱相对应）。

种质资源身份证：040900DS5320173311111133334444441133112222F。

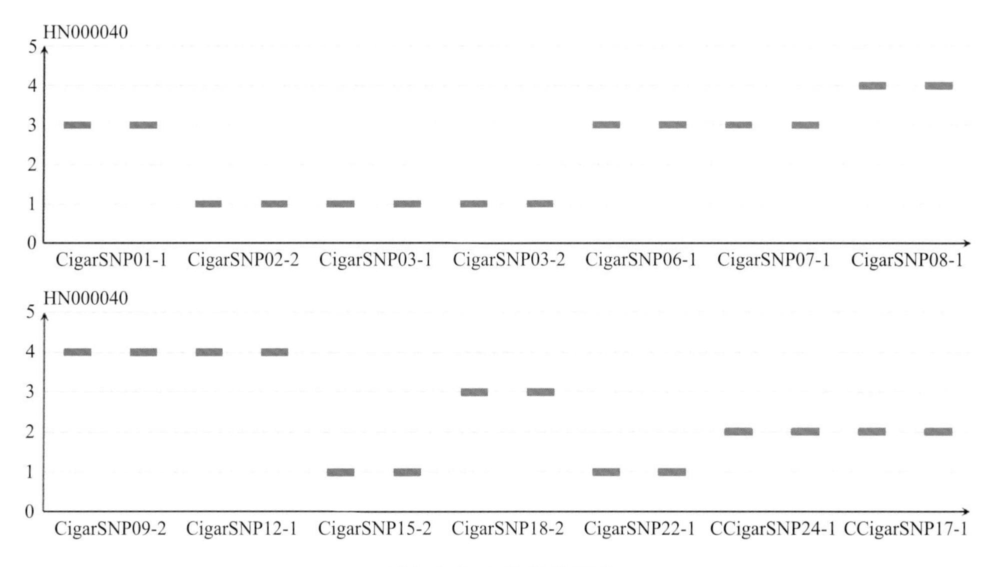

HN000040 的指纹图谱

HN000040 的条形码身份证

HN000040 的二维码身份证

HN000043

种质来源：2016 年收集的重庆市地方晒烟种质资源。

特征特性：株型塔形，叶面较平，叶形长椭圆，叶尖急尖，叶缘微波，叶色浅绿，叶耳小，叶片主脉中等粗细，花序密集、球形，花色淡红，株高 149.10 cm，茎围 6.30 cm，节距 6.96 cm，叶数 12.00 片，腰叶长 50.30 cm，腰叶宽 23.10 cm，叶柄 4.20 cm，主侧脉夹角 68.14°，支脉数 10.80 条，茎叶夹角 77.70°，叶片上部、中部、下部厚度分别为 0.330 mm、0.368 mm、0.364 mm，支脉上部、中部、下部粗细分别为 1.704 mm、1.936 mm、0.726 mm，移栽至现蕾天数为 52 d，移栽至中心花开放天数为 61 d。

外观质量：原烟呈红褐色，成熟度为完熟，叶片结构稍密，身份适中，油分有，色度强，脉叶色泽较一致。

适宜类型：茄芯。

分子指纹特征码：3322225544114444331144114422（与下面的指纹图谱相对应）。

种质资源身份证：040900DS5020163322225544114444331144114422F。

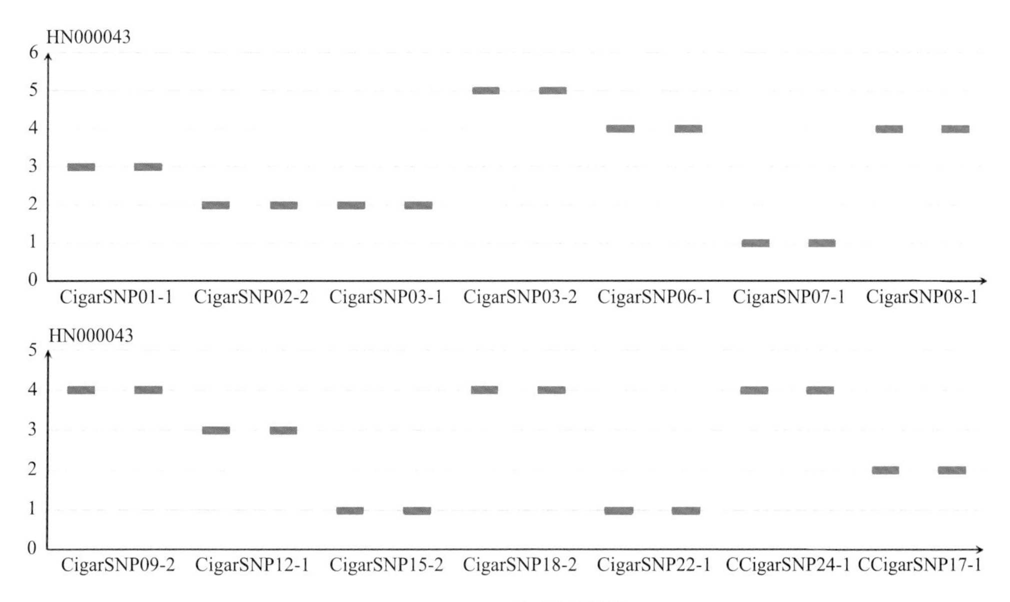

HN000043 的指纹图谱

HN000043 的条形码身份证

HN000043 的二维码身份证

HN000044

种质来源：2016 年收集的海南省地方晒烟种质资源。

特征特性：株型筒形，叶面较皱，叶形卵圆，叶尖渐尖，叶缘皱折，叶色绿，无叶耳，叶片主脉中等粗细，花序松散、菱形，花色淡红，株高 183.80 cm，茎围 6.80 cm，节距 8.08 cm，叶数 18.40 片，腰叶长 49.10 cm，腰叶宽 26.70 cm，叶柄 6.50 cm，主侧脉夹角 60.90°，支脉数 9.80 条，茎叶夹角 60.88°，腰叶下部、中部、上部厚度分别为 0.304 mm、0.338 mm、0.322 mm，腰叶支脉下部、中部、上部粗细分别为 1.900 mm、1.766 mm、0.738 mm，移栽至现蕾天数为 65 d，移栽至中心花开放天数为 70 d。

外观质量：原烟呈黄褐色，成熟度为完熟，叶片结构紧密，身份稍厚，油分稍有，色度弱，脉叶色泽一致性一般。

适宜类型：茄芯。

分子指纹特征码：33112222331144113322441122222（与下面的指纹图谱相对应）。

种质资源身份证：040900DS46201633112222331144113322441122222F。

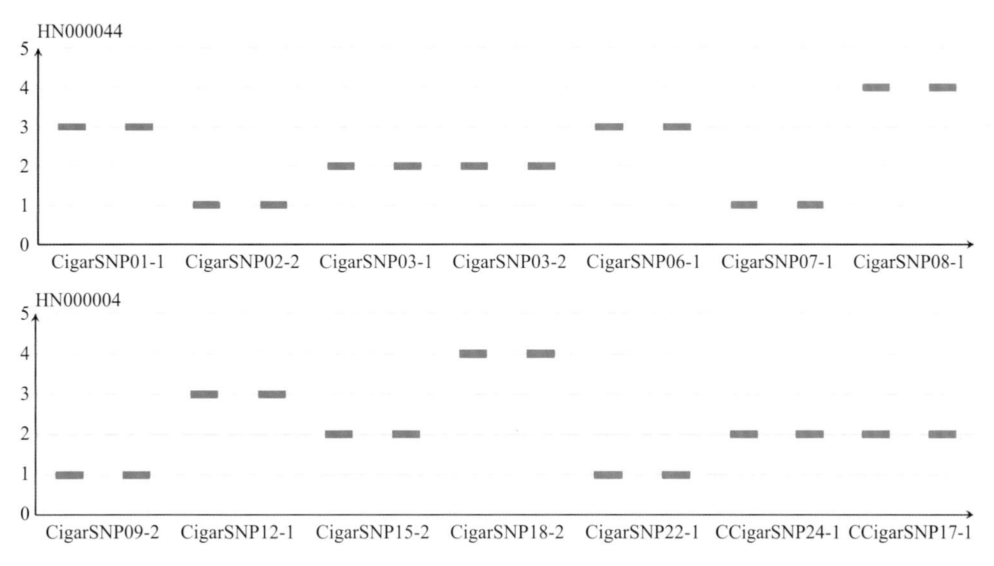

HN000044 的指纹图谱

HN000044 的条形码身份证

HN000044 的二维码身份证

HN000045

种质来源：2016 年收集的海南省地方晒烟种质资源。

特征特性：株型塔形，叶面皱，叶形宽椭圆，叶尖急尖，叶缘皱折，叶色绿，叶耳小，叶片主脉中等粗细，花序松散、菱形，花色淡红，株高 231.00 cm，茎围 8.70 cm，节距 7.04 cm，叶数 22.20 片，腰叶长 50.50 cm，腰叶宽 31.60 cm，无叶柄，主侧脉夹角 69.62°，支脉数 10.00 条，茎叶夹角 68.74°，腰叶下部、中部、上部厚度分别为 0.274 mm、0.298 mm、0.304 mm，腰叶支脉下部、中部、上部粗细分别为 1.784 mm、1.908 mm、0.760 mm，移栽至现蕾天数为 86 d，移栽至中心花开放天数为 91 d。

外观质量：原烟呈红褐色，成熟度为尚熟，叶片结构紧密，身份稍厚，油分有，色度中，脉叶色泽较一致。

适宜类型：茄芯。

分子指纹特征码：1111222244114411331144112212（与下面的指纹图谱相对应）。

种质资源身份证：040900DS4620161111222244114411331144112212F。

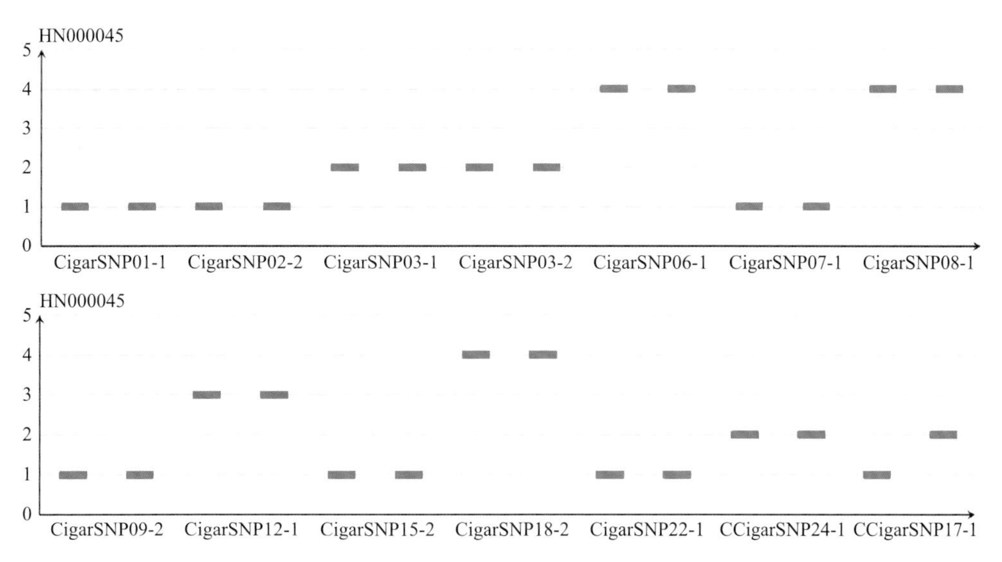

HN000045 的指纹图谱

HN000045 的条形码身份证

HN000045 的二维码身份证

HN000046

种质来源：2016 年收集的海南省地方晒烟种质资源。

特征特性：株型塔形，叶面平整，叶形长椭圆，叶尖渐尖，叶缘平滑，叶色绿，叶耳中，叶片主脉中等粗细，花序密集、球形，花色淡红，株高 140.40 cm，茎围 7.40 cm，节距 6.42 cm，叶数 21.20 片，腰叶长 52.10 cm，腰叶宽 24.20 cm，无叶柄，主侧脉夹角 66.68°，支脉数 12.80 条，茎叶夹角 58.34°，腰叶下部、中部、上部厚度分别为 0.352 mm、0.384 mm、0.390 mm，腰叶支脉下部、中部、上部粗细分别为 1.326 mm、1.590 mm、0.858 mm，移栽至现蕾天数为 76 d，移栽至中心花开放天数为 81 d。

外观质量：原烟呈红褐色，成熟度为尚熟，叶片结构紧密，身份稍厚，油分稍有，色度中，脉叶色泽一致性一般。

适宜类型：茄芯。

分子指纹特征码：3311112244114411332244114422（与下面的指纹图谱相对应）。

种质资源身份证：040900DS46201633111122441144113322441144 22F。

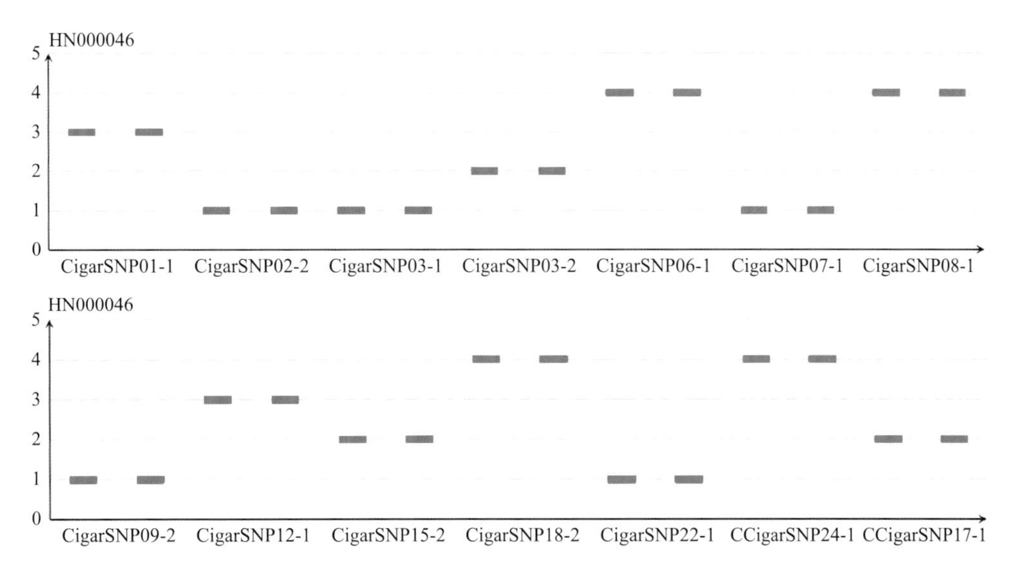

HN000046 的指纹图谱

HN000046 的条形码身份证

HN000046 的二维码身份证

HN000078

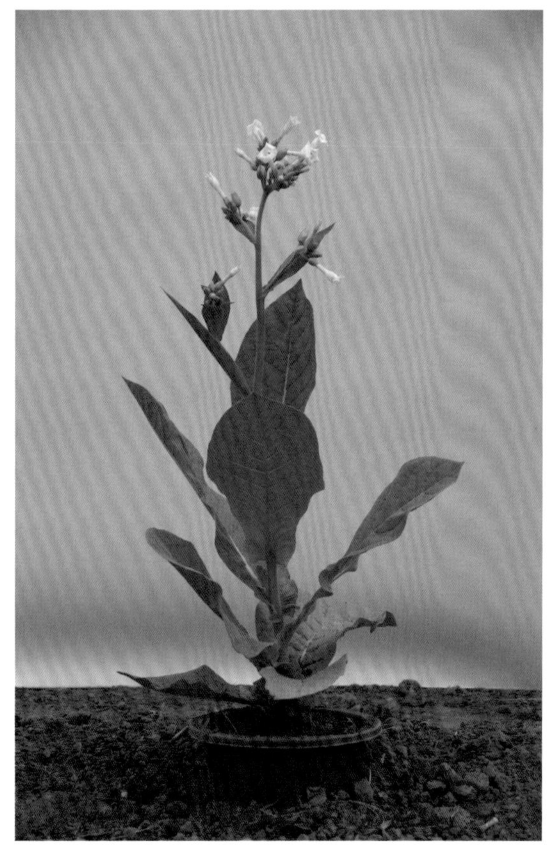

种质来源：2018 年收集的吉林省地方晒烟种质资源。

特征特性：株型塔形，叶面较皱，叶形椭圆，叶尖急尖，叶缘平滑，叶色绿，叶耳大，叶片主脉中等粗细，花序密集、球形，花色淡红，株高 86.60 cm，茎围 5.10 cm，节距 4.60 cm，叶数 12.60 片，腰叶长 41.20 cm，腰叶宽 22.20 cm，无叶柄，主侧脉夹角 69.04°，支脉数 9.80 条，茎叶夹角 62.12°，腰叶下部、中部、上部厚度分别为 0.398 mm、0.454 mm、0.482 mm，腰叶支脉下部、中部、上部粗细分别为 1.346 mm、1.886 mm、1.000 mm，移栽至现蕾天数为 46 d，移栽至中心花开放天数为 48 d。

外观质量：原烟呈红褐色，成熟度为完熟，叶片结构紧密，身份适中，油分多，色度浓，脉叶色泽较一致。

适宜类型：茄芯。

分子指纹特征码：1112221133114411332244442422（与下面的指纹图谱相对应）。

种质资源身份证：040900DS2220181112221133114411332244442422F。

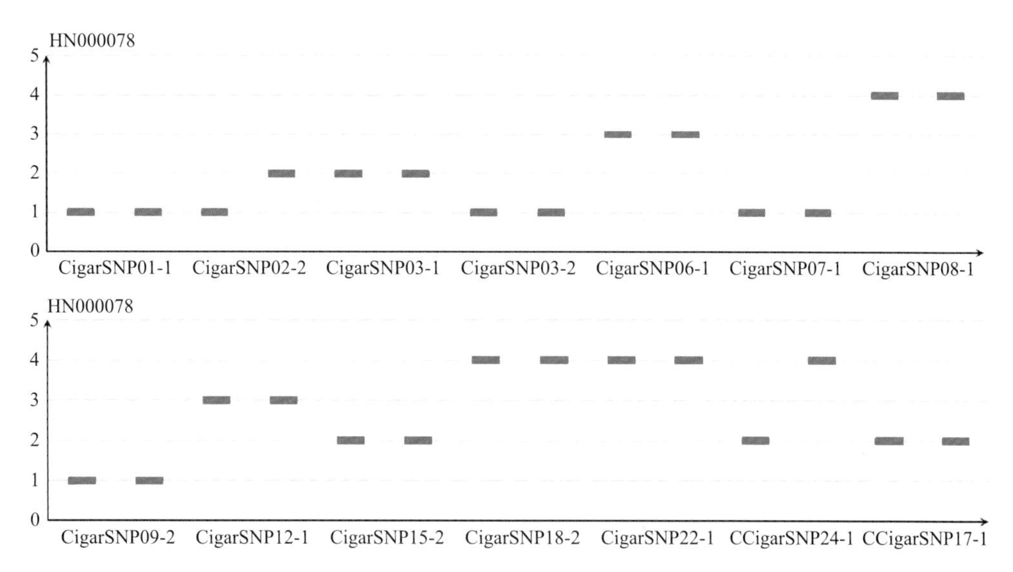

HN000078 的指纹图谱

HN000078 的条形码身份证

HN000078 的二维码身份证

HN000079

种质来源：2018 年收集的湖南省地方晒烟种质资源。

特征特性：株型塔形，叶面较平，叶形长椭圆，叶尖渐尖，叶缘波浪，叶色绿，叶耳中，叶片主脉粗，花序密集、菱形，花色淡红，株高 142.80 cm，茎围 6.80 cm，节距 5.68 cm，叶数 16.40 片，腰叶长 56.90 cm，腰叶宽 19.80 cm，无叶柄，主侧脉夹角 60.82°，支脉数 15.20 条，茎叶夹角 63.92°，腰叶下部、中部、上部厚度分别为 0.312 mm、0.412 mm、0.416 mm，腰叶支脉下部、中部、上部粗细分别为 1.230 mm、1.748 mm、0.886 mm，移栽至现蕾天数为 68 d，移栽至中心花开放天数为 74 d。

外观质量：原烟呈红褐色，成熟度为完熟，叶片结构紧密，身份稍厚，油分有，色度中，脉叶色泽较一致。

适宜类型：茄芯。

分子指纹特征码：111111224411441144114411222 2（与下面的指纹图谱相对应）。

种质资源身份证：040900DS432018111111224411441144114411222 2F。

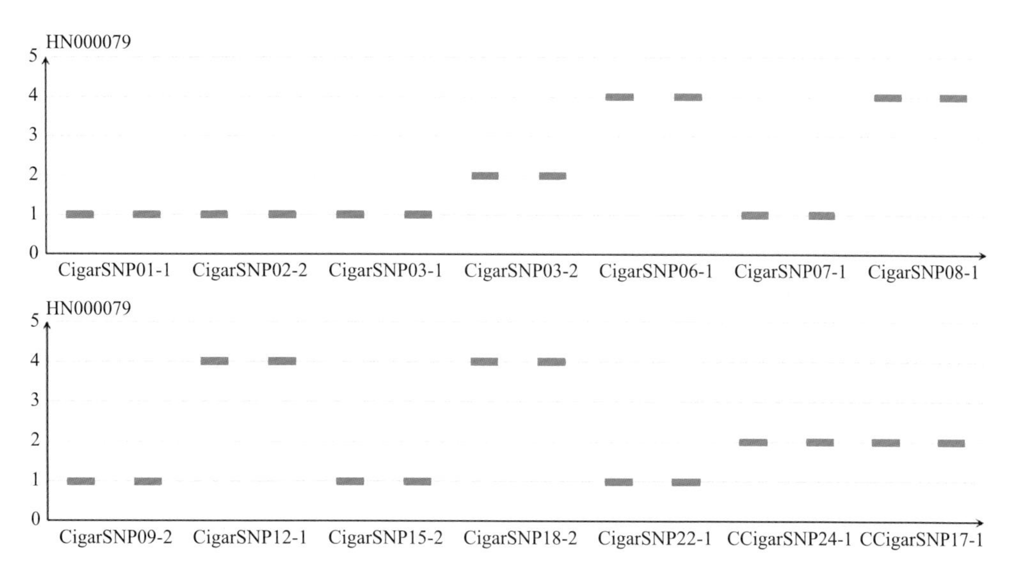

HN000079 的指纹图谱

HN000079 的条形码身份证

HN000079 的二维码身份证

HN000080

种质来源：2018 年收集的广西壮族自治区地方晒烟种质资源。

特征特性：株型塔形，叶面较平，叶形长椭圆，叶尖钝尖，叶缘微波，叶色浅绿，叶耳大，叶片主脉中等粗细，花序松散、菱形，花色淡红，株高 197.80 cm，茎围 7.90 cm，节距 6.16 cm，叶数 22.40片，腰叶长 47.30 cm，腰叶宽 22.80 cm，无叶柄，主侧脉夹角 65.90°，支脉数 11.40条，茎叶夹角 57.80°，腰叶下部、中部、上部厚度分别为 0.292 mm、0.408 mm、0.446 mm，腰叶支脉下部、中部、上部粗细分别为 1.488 mm、2.060 mm、0.938 mm，移栽至现蕾天数为 86 d，移栽至中心花开放天数为 96 d。

外观质量：原烟呈红褐色，成熟度为完熟，叶片结构尚疏松，身份薄，油分有，色度弱，脉叶色泽较一致。

适宜类型：茄芯。

分子指纹特征码：3311111144114444441144112222（与下面的指纹图谱相对应）。

种质资源身份证：040900DS4520183311111144114444441144112222F。

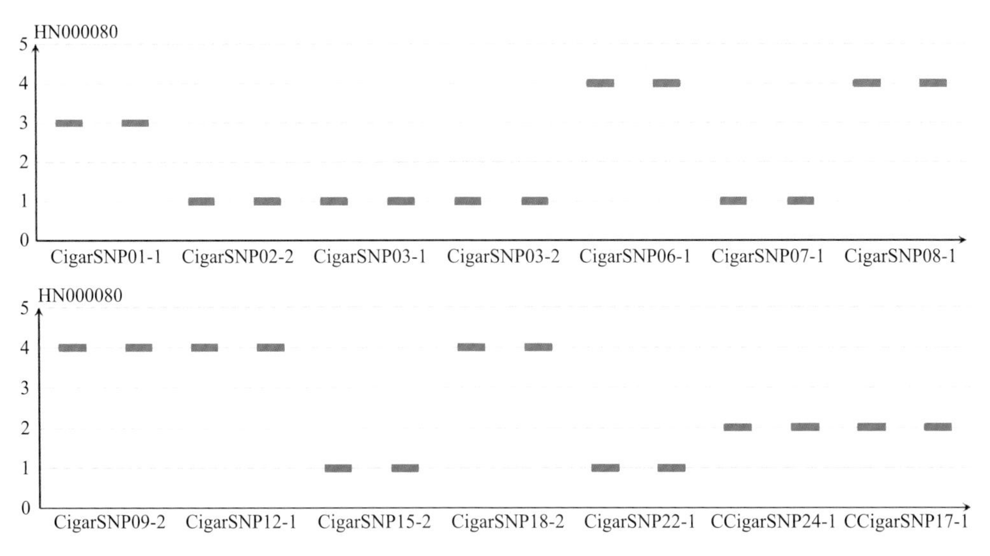

HN000080 的指纹图谱

HN000080 的条形码身份证

HN000080 的二维码身份证

HN000081

种质来源：2018 年收集的广东省地方晒烟种质资源。

特征特性：株型塔形，叶面皱，叶形宽椭圆，叶尖渐尖，叶缘皱折，叶色浅绿，叶耳大，叶片主脉粗，花序密集、球形，花色淡红，株高 138.50 cm，茎围 6.86 cm，节距 6.30 cm，叶数 19.20 片，腰叶长 64.20 cm，腰叶宽 31.60 cm，无叶柄，主侧脉夹角 71.48°，支脉数 13.00 条，茎叶夹角 78.46°，腰叶下部、中部、上部厚度分别为 0.306 mm、0.384 mm、0.390 mm，腰叶支脉下部、中部、上部粗细分别为 1.282 mm、1.894 mm、0.892 mm，移栽至现蕾天数为 60 d，移栽至中心花开放天数为 68 d。

外观质量：原烟呈黄褐色，成熟度为尚熟，叶片结构尚疏松，身份薄，油分稍有，色度中，脉叶色泽一致性一般。

适宜类型：茄芯。

分子指纹特征码：112222222441133444441133444412（与下面的指纹图谱相对应）。

种质资源身份证：040900DS4420181122222224411334444411334444412F。

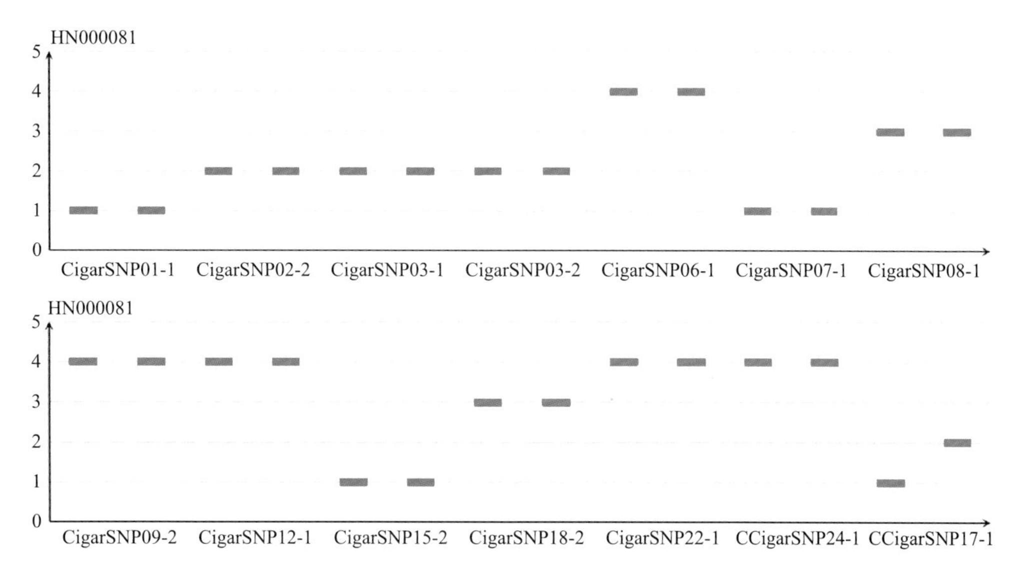

HN000081 的指纹图谱

HN000081 的条形码身份证

HN000081 的二维码身份证

HN000082

种质来源：2018 年收集的吉林省地方晒烟种质资源。

特征特性：株型塔形，叶面平整，叶形长椭圆，叶尖渐尖，叶缘微波，叶色绿，叶耳中，叶片主脉中等粗细，花序密集、球形，花色淡红，株高 176.80 cm，茎围 8.70 cm，节距 5.90 cm，叶数 23.00 片，腰叶长 59.60 cm，腰叶宽 24.90 cm，无叶柄，主侧脉夹角 70.02°，支脉数 10.80 条，茎叶夹角 34.50°，腰叶下部、中部、上部厚度分别为 0.274 mm、0.388 mm、0.418 mm，腰叶支脉下部、中部、上部粗细分别为 1.426 mm、1.694 mm、0.830 mm，移栽至现蕾天数为 73 d，移栽至中心花开放天数为 79 d。

外观质量：原烟呈红褐色，成熟度为完熟，叶片结构紧密，身份稍厚，油分稍有，色度中，脉叶色泽较一致。

适宜类型：茄芯。

分子指纹特征码：3311122243113311331144112422（与下面的指纹图谱相对应）。

种质资源身份证：040900DS2220183311122243113311331144112422F。

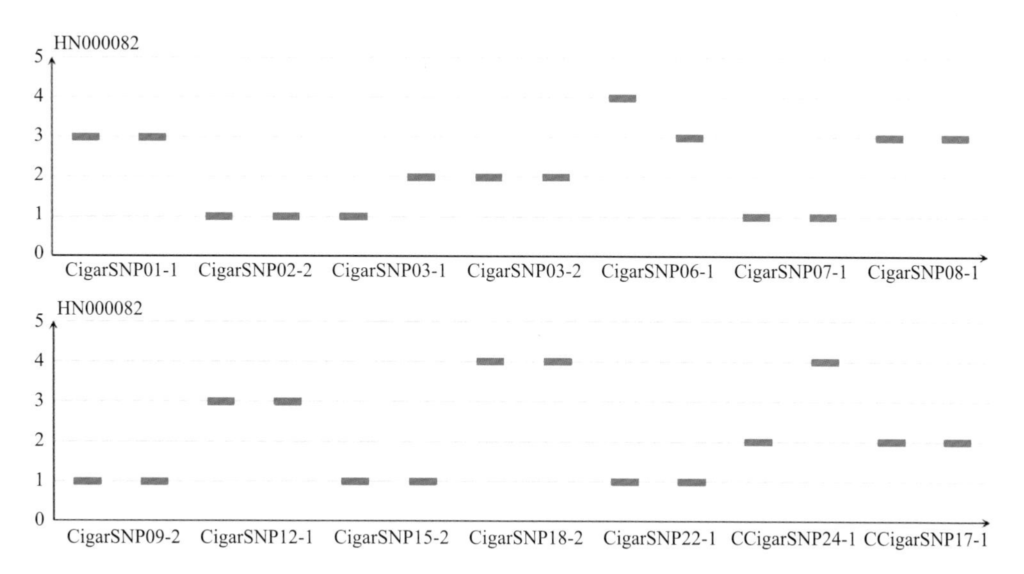

HN000082 的指纹图谱

HN000082 的条形码身份证

HN000082 的二维码身份证

HN000084

种质来源：2018 年收集的山东省地方晒烟种质资源。

特征特性：株型塔形，叶面平整，叶形长卵圆，叶尖渐尖，叶缘微波，叶色深绿，叶耳大，叶片主脉中等粗细，花序密集、球形，花色深红，株高 109.00 cm，茎围 7.30 cm，节距 6.74 cm，叶数 12.80 片，腰叶长 50.70 cm，腰叶宽 29.10 cm，无叶柄，主侧脉夹角 66.80°，支脉数 12.80 条，茎叶夹角 78.94°，腰叶下部、中部、上部厚度分别为 0.394 mm、0.452 mm、0.430 mm，腰叶支脉下部、中部、上部粗细分别为 1.426 mm、2.246 mm、0.966 mm，移栽至现蕾天数为 48 d，移栽至中心花开放天数为 53 d。

外观质量：原烟呈红褐色，成熟度为完熟，叶片结构紧密，身份稍厚，油分稍有，色度中，脉叶色泽较一致。

适宜类型：茄芯。

分子指纹特征码：1111222233113311331133112212（与下面的指纹图谱相对应）。

种质资源身份证：040900DS3720181111222233113311331133112212F。

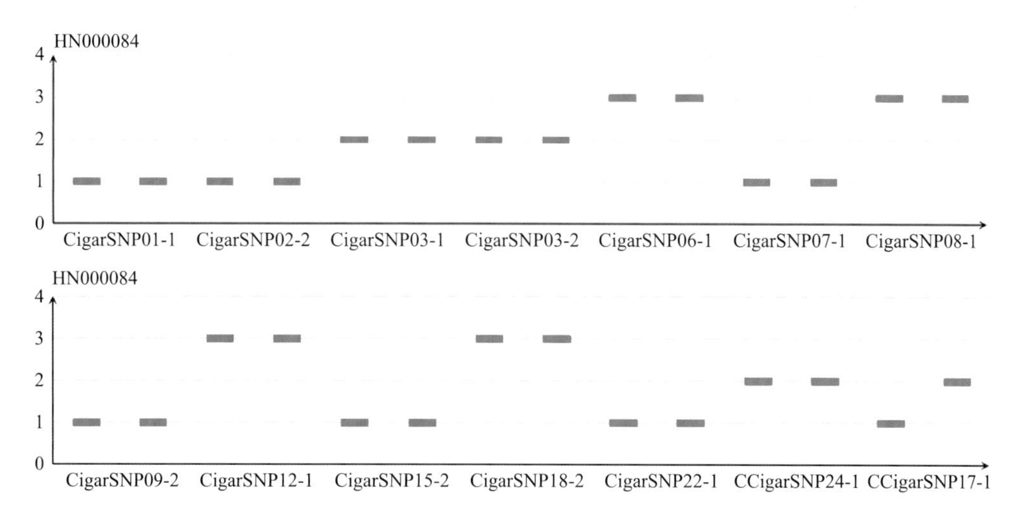

HN000084 的指纹图谱

HN000084 的条形码身份证

HN000084 的二维码身份证

HN000096

种质来源：2018 年收集的黑龙江省地方晒烟种质资源。

特征特性：株型塔形，叶面较平，叶形椭圆，叶尖渐尖，叶缘微波，叶色绿，叶耳大，叶片主脉粗，花序密集、球形，花色淡红，株高 120.60 cm，茎围 8.00 cm，节距 4.74 cm，叶数 17.40 片，腰叶长 58.20 cm，腰叶宽 25.60 cm，无叶柄，主侧脉夹角 67.60°，支脉数 12.80 条，茎叶夹角 65.82°，腰叶下部、中部、上部厚度分别为 0.292 mm、0.372 mm、0.370 mm，腰叶支脉下部、中部、上部粗细分别为 1.304 mm、1.736 mm、0.786 mm，移栽至现蕾天数为 50 d，移栽至中心花开放天数为 55 d。

外观质量：原烟呈黄褐色，成熟度为完熟，叶片结构紧密，身份稍厚，油分稍有，色度弱，脉叶色泽较一致。

适宜类型：茄芯。

分子指纹特征码：33112211441144114422244114412（与下面的指纹图谱相对应）。

种质资源身份证：040900DS2320183311221144114411442244114412F。

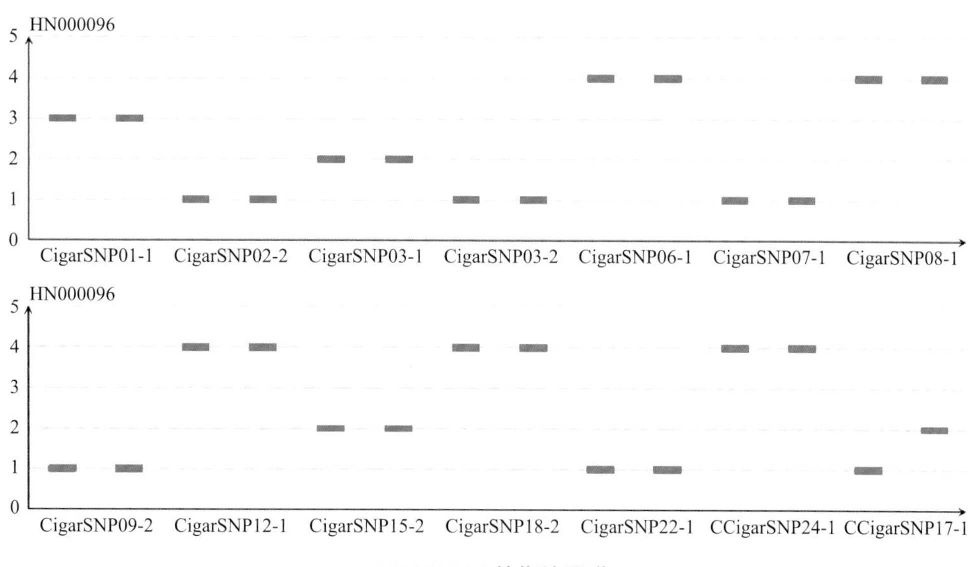

HN000096 的指纹图谱

HN000096 的条形码身份证

HN000096 的二维码身份证

HN000097

种质来源：2018 年收集的黑龙江省地方晒烟种质资源。

特征特性：株型塔形，叶面较皱，叶形长卵圆，叶尖渐尖，叶缘皱折，叶色浅绿，叶耳大，叶片主脉细，花序密集、菱形，花色淡红，株高 107.00 cm，茎围 5.80 cm，节距 6.46 cm，叶数 14.00 片，腰叶长 48.40 cm，腰叶宽 23.80 cm，无叶柄，主侧脉夹角 63.66°，支脉数 12.00 条，茎叶夹角 58.02°，腰叶下部、中部、上部厚度分别为 0.336 mm、0.394 mm、0.408 mm，腰叶支脉下部、中部、上部粗细分别为 1.146 mm、1.588 mm、0.804 mm，移栽至现蕾天数为 52 d，移栽至中心花开放天数为 59 d。

外观质量：原烟呈红褐色，成熟度为完熟，叶片结构稍密，身份适中，油分多，色度浓，脉叶色泽一致。

适宜类型：茄芯。

分子指纹特征码：3311111133114444331133112212（与下面的指纹图谱相对应）。

种质资源身份证：040900DS2320183311111133114444331133112212F。

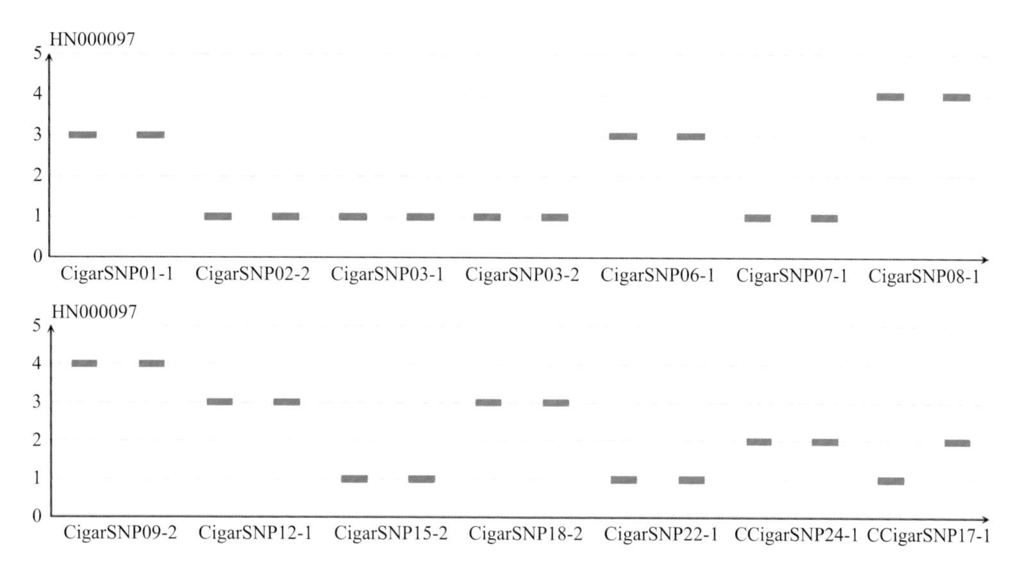

HN000097 的指纹图谱

HN000097 的条形码身份证

HN000097 的二维码身份证

HN000100

种质来源：2017 年收集的四川省地方晒烟种质资源。

特征特性：株型塔形，叶面较平，叶形卵圆，叶尖渐尖，叶缘平滑，叶色浅绿，叶耳中，叶片主脉粗，花序密集、倒圆锥形，花色淡红，株高 133.00 cm，茎围 8.20 cm，节距 5.62 cm，叶数 19.40 片，腰叶长 62.10 cm，腰叶宽 23.00 cm，无叶柄，主侧脉夹角 68.12°，支脉数 11.20 条，茎叶夹角 67.46°，腰叶下部、中部、上部厚度分别为 0.276 mm、0.372 mm、0.410 mm，腰叶支脉下部、中部、上部粗细分别为 1.180 mm、1.488 mm、0.898 mm，移栽至现蕾天数为 55 d，移栽至中心花开放天数为67 d。

外观质量：原烟呈黄褐色，成熟度为完熟，叶片结构稍密，身份薄，油分有，色度中，脉叶色泽较一致。

化学成分：总糖含量为 1.37%，还原糖含量为 0.82%，两糖差 0.55%，两糖比 0.60，总氮含量为 3.75%，总植物碱含量为 4.55%，总糖/烟碱 0.30，还原糖/烟碱 0.18，总氮/烟碱 0.82，氧化钾含量为 4.96%，氯离子含量为 1.00%，钾氯比 4.96。

适宜类型：茄芯。

分子指纹特征码：112211113311441144113311221２（与下面的指纹图谱相对应）。

种质资源身份证：040900DS5120171122111133114411441133112212F。

注：经 SNP 分子标记及田间表型鉴定，HN000110 与 HN000100 为同一种质。

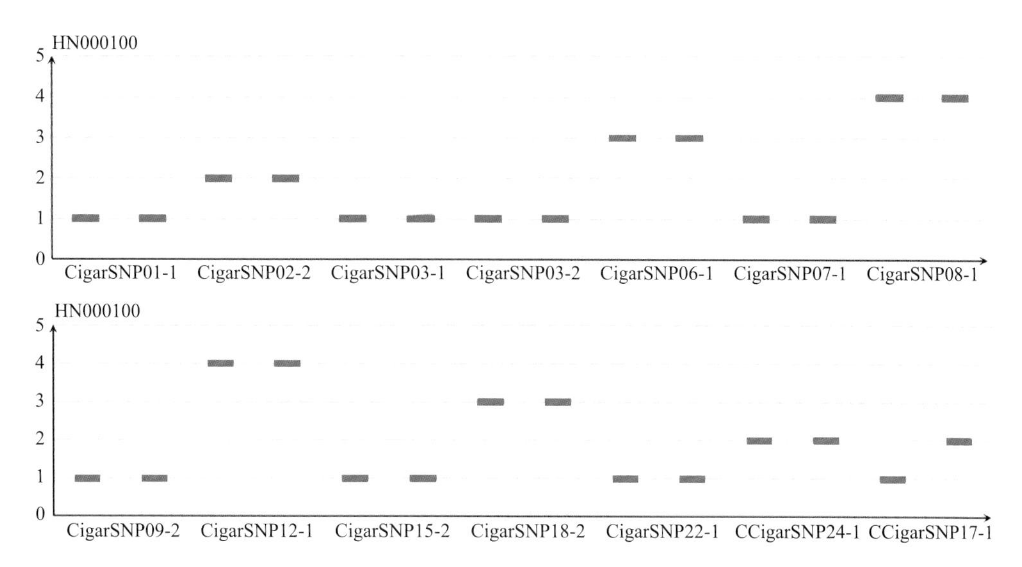

HN000100 的指纹图谱

HN000100 的条形码身份证

HN000100 的二维码身份证

HN000101

种质来源：2017 年收集的四川省地方晒烟种质资源。

特征特性：株型塔形，叶面平整，叶形长卵圆，叶尖渐尖，叶缘平滑，叶色绿，叶耳大，叶片主脉粗，花序密集、菱形，花色淡红，株高 170.40 cm，茎围 8.10 cm，节距 7.04 cm，叶数 20.40 片，腰叶长 57.10 cm，腰叶宽 23.90 cm，无叶柄，主侧脉夹角 60.86°，支脉数 13.00 条，茎叶夹角 50.68°，腰叶下部、中部、上部厚度分别为 0.328 mm、0.392 mm、0.394 mm，腰叶支脉下部、中部、上部粗细分别为1.630 mm、1.970 mm、0.916 mm，移栽至现蕾天数为 65 d，移栽至中心花开放天数为 68 d。

外观质量：原烟呈红褐色，成熟度为完熟，叶片结构尚疏松，身份稍薄，油分有，色度中，脉叶色泽较一致。

适宜类型：茄芯。

分子指纹特征码：1122221133113344441133442212（与下面的指纹图谱相对应）。

种质资源身份证：040900DS5120171122221133113344441133442212F。

注：经 SNP 分子标记及田间表型鉴定，HN000102 与 HN000101 为同一种质。

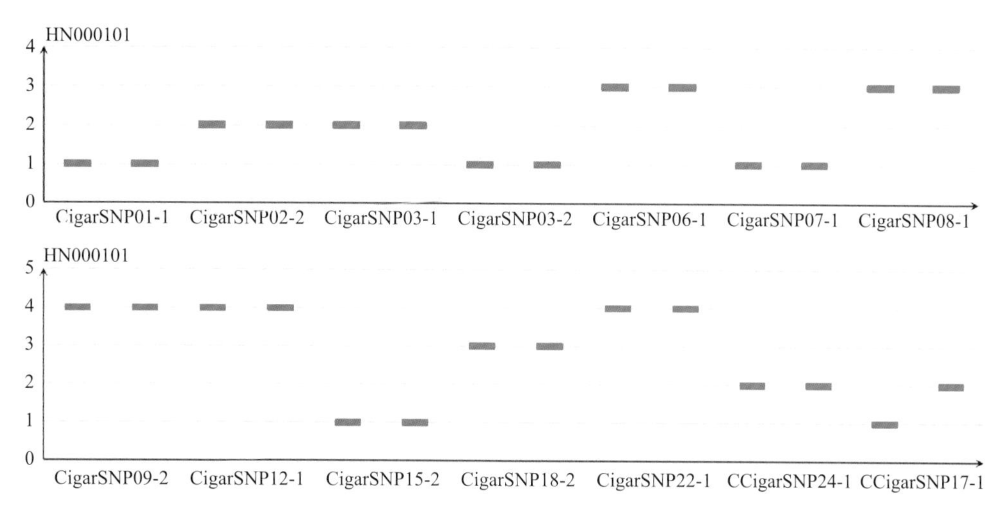

HN000101 的指纹图谱

HN000101 的条形码身份证

HN000101 的二维码身份证

HN000103

种质来源：2016 年收集的海南省选育的晒烟种质资源。

特征特性：株型筒形，叶面较平，叶形长卵圆，叶尖渐尖，叶缘皱折，叶色绿，无叶耳，叶片主脉粗，花序密集、倒圆锥形，花色淡红，株高 177.20 cm，茎围 6.70 cm，节距 5.76 cm，叶数 20.60 片，腰叶长 49.20 cm，腰叶宽 18.90 cm，叶柄 2.70 cm，主侧脉夹角 71.60°，支脉数 12.00 条，茎叶夹角 82.06°，腰叶下部、中部、上部厚度分别为 0.360 mm、0.436 mm、0.440 mm，腰叶支脉下部、中部、上部粗细分别为 1.142 mm、1.312 mm、0.774 mm，移栽至现蕾天数为 55 d，移栽至中心花开放天数为 61 d。

适宜类型：茄芯。

分子指纹特征码：11221111331133444411331144l2（与下面的指纹图谱相对应）。

种质资源身份证：040900XS46201611221111331133444411331144l2F。

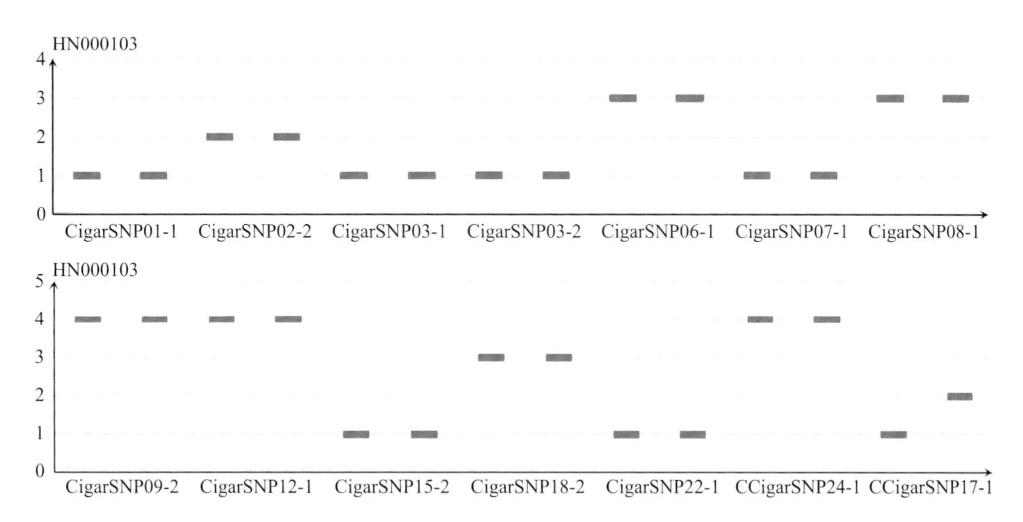

HN000103 的指纹图谱

HN000103 的条形码身份证

HN000103 的二维码身份证

HN000104

种质来源：2016 年收集的海南省选育的晒烟种质资源。

特征特性：株型塔形，叶面较皱，叶形长卵圆，叶尖渐尖，叶缘微波，叶色绿，叶耳大，叶片主脉中等粗细，花序密集、菱形，花色淡红，株高 202.40 cm，茎围 7.80 cm，节距 7.98 cm，叶数 21.00 片，腰叶长 54.50 cm，腰叶宽 30.10 cm，无叶柄，主侧脉夹角 76.68°，支脉数 13.40 条，茎叶夹角 69.62°，腰叶下部、中部、上部厚度分别为 0.322 mm、0.390 mm、0.396 mm，腰叶支脉下部、中部、上部粗细分别为 1.510 mm、1.416 mm、0.796 mm，移栽至现蕾天数为 55 d，移栽至中心花开放天数为 61 d。

外观质量：原烟呈红褐色，成熟度为完熟，叶片结构稍密，身份稍厚，油分稍有，色度中，脉叶色泽一致性一般。

适宜类型：茄芯。

分子指纹特征码：33551111335533443311331122222（与下面的指纹图谱相对应）。

种质资源身份证：040900XS46201633551111335533443311331122222F。

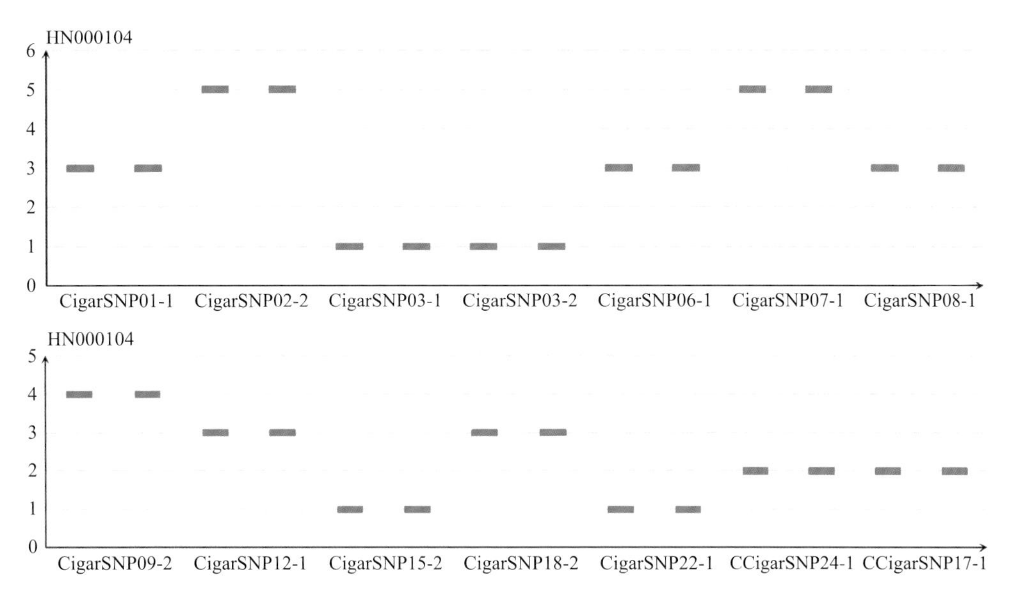

HN000104 的指纹图谱

HN000104 的条形码身份证

HN000104 的二维码身份证

HN000105

种质来源：2016 年收集的海南省选育的晒烟种质资源。

特征特性：株型塔形，叶面较平，叶形椭圆，叶尖渐尖，叶缘波浪，叶色绿，叶耳小，叶片主脉中等粗细，花序密集、菱形，花色淡红，株高 154 cm，茎围 6.80 cm，节距 5.96 cm，叶数 18 片，腰叶长 47.90 cm，腰叶宽 21.10 cm，无叶柄，主侧脉夹角 69.04°，支脉数 11.60 条，茎叶夹角 67.50°，腰叶下部、中部、上部厚度分别为 0.324 mm、0.406 mm、0.416 mm，腰叶支脉下部、中部、上部粗细分别为 1.348 mm、1.368 mm、0.794 mm，移栽至现蕾天数为 55 d，移栽至中心花开放天数为 61 d。

外观质量：原烟呈红褐色，成熟度为完熟，叶片结构紧密，身份稍厚，油分稍有，色度中，脉叶色泽一致性一般。

适宜类型：茄芯。

分子指纹特征码：1122111133113344441133114422（与下面的指纹图谱相对应）。

种质资源身份证：040900XS4620161122111133113344441133114422F。

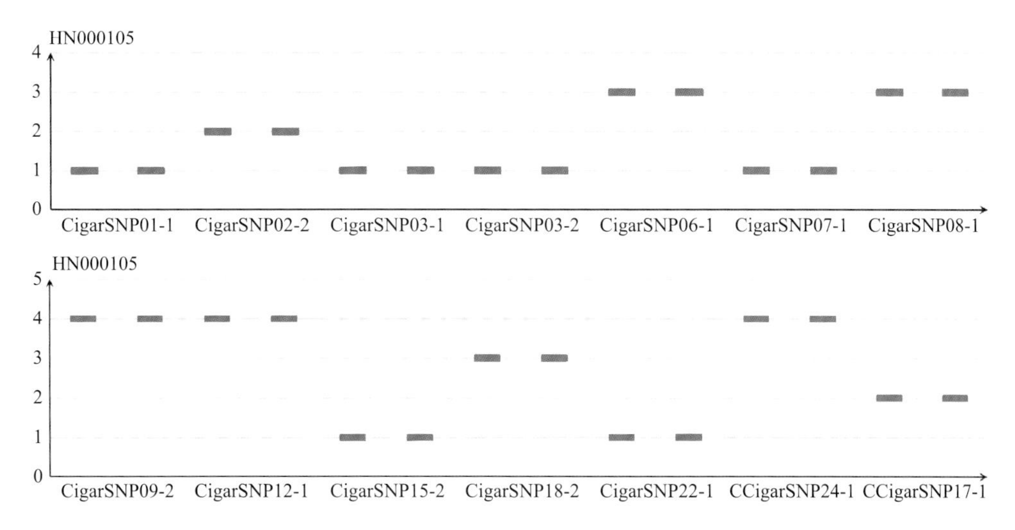

HN000105 的指纹图谱

HN000105 的条形码身份证

HN000105 的二维码身份证

HN000111

种质来源： 2017 年收集的四川省地方晒烟种质资源。

特征特性： 株型筒形，叶面平整，叶形椭圆，叶尖渐尖，叶缘平滑，叶色深绿，叶耳中，叶片主脉中等粗细，花序松散、倒圆锥形，花色淡红，株高 229.20 cm，茎围 7.30 cm，节距 8.38 cm，叶数 22.80 片，腰叶长 50.40 cm，腰叶宽 23.20 cm，无叶柄，主侧脉夹角 61.32°，支脉数 10.80 条，茎叶夹角 69.36°，腰叶下部、中部、上部厚度分别为 0.340 mm、0.384 mm、0.380 mm，腰叶支脉下部、中部、上部粗细分别为 1.618 mm、1.674 mm、1.194 mm，移栽至现蕾天数为 67 d，移栽至中心花开放天数为 75 d。

外观质量： 原烟呈红褐色，成熟度为完熟，叶片结构紧密，身份稍厚，油分少，色度中，脉叶色泽一致性一般。

适宜类型： 茄芯。

分子指纹特征码： 111111144114411441144112222（与下面的指纹图谱相对应）。

种质资源身份证： 040900DS512017111111144114411441144112222F。

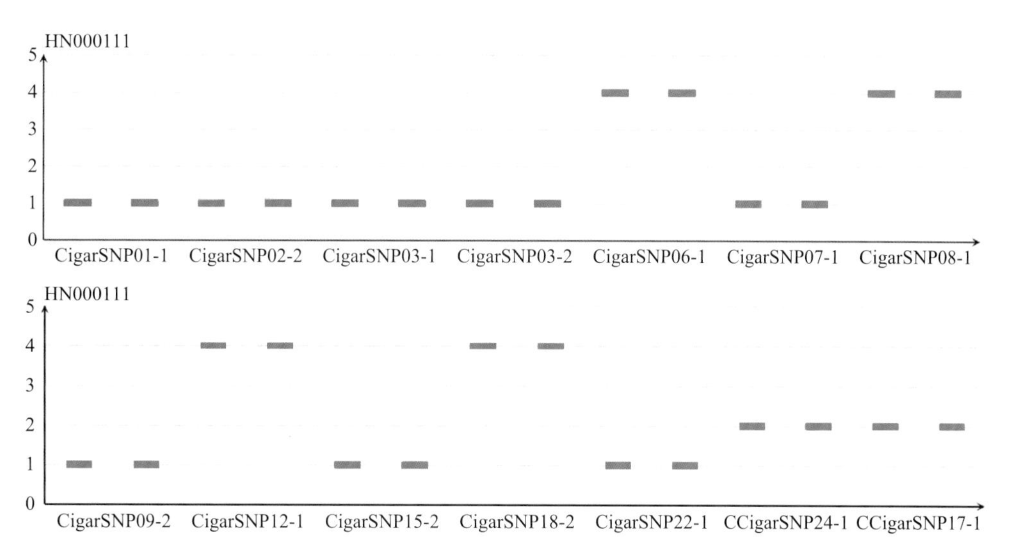

HN000111 的指纹图谱

HN000111 的条形码身份证

HN000111 的二维码身份证

HN000112

种质来源：2017 年收集的四川省地方晒烟种质资源。

特征特性：株型塔形，叶面较皱，叶形长椭圆，叶尖渐尖，叶缘微波，叶色绿，叶耳中，叶片主脉中等粗细，花序密集、球形，花色淡红，株高 154.00 cm，茎围 6.40 cm，节距 7.44 cm，叶数 18.80 片，腰叶长 46.10 cm，腰叶宽 21.10 cm，无叶柄，主侧脉夹角 75.40°，支脉数 11.40 条，茎叶夹角 38.80°，腰叶下部、中部、上部厚度分别为 0.278 mm、0.326 mm、0.354 mm，腰叶支脉下部、中部、上部粗细分别为 1.658 mm、1.602 mm、1.000 mm，移栽至现蕾天数为 52 d，移栽至中心花开放天数为 68 d。

适宜类型：茄芯。

分子指纹特征码：11221111331155114411144112212（与下面的指纹图谱相对应）。

种质资源身份证：040900DS51201711221111331155114411144112212F。

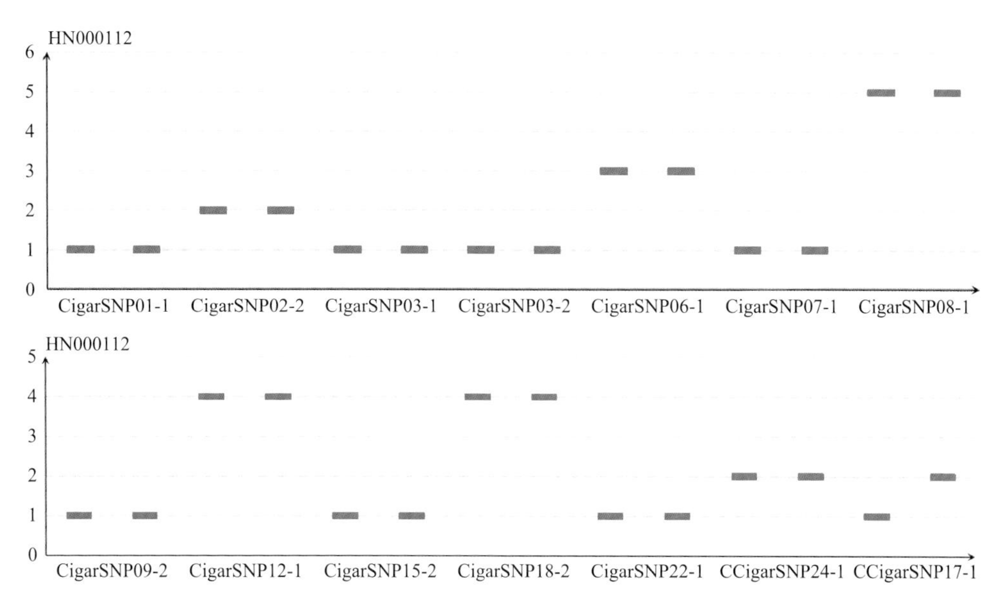

HN000112 的指纹图谱

HN000112 的条形码身份证

HN000112 的二维码身份证

HN000113

种质来源：2017 年引进的国外晒烟种质资源。

特征特性：株型筒形，叶面平整，叶形椭圆，叶尖渐尖，叶缘平滑，叶色绿，叶耳中，叶片主脉粗，花序密集、球形，花色深红，株高 191.40 cm，茎围 7.90 cm，节距 8.38 cm，叶数 21.80 片，腰叶长 54.30 cm，腰叶宽 23.90 cm，无叶柄，主侧脉夹角 75.18°，支脉数 11.80 条，茎叶夹角 62.90°，腰叶下部、中部、上部厚度分别为 0.418 mm、0.462 mm、0.464 mm，腰叶支脉下部、中部、上部粗细分别为 1.170 mm、1.758 mm、0.828 mm，移栽至现蕾天数为 68 d，移栽至中心花开放天数为 74 d。

外观质量：原烟呈红褐色，成熟度为完熟，叶片结构疏松，身份适中，油分多，色度强，脉叶色泽较一致。

适宜类型：茄芯。

分子指纹特征码：3311222244334411331144114412（与下面的指纹图谱相对应）。

种质资源身份证：040900YS0020173311222244334411331144114412F。

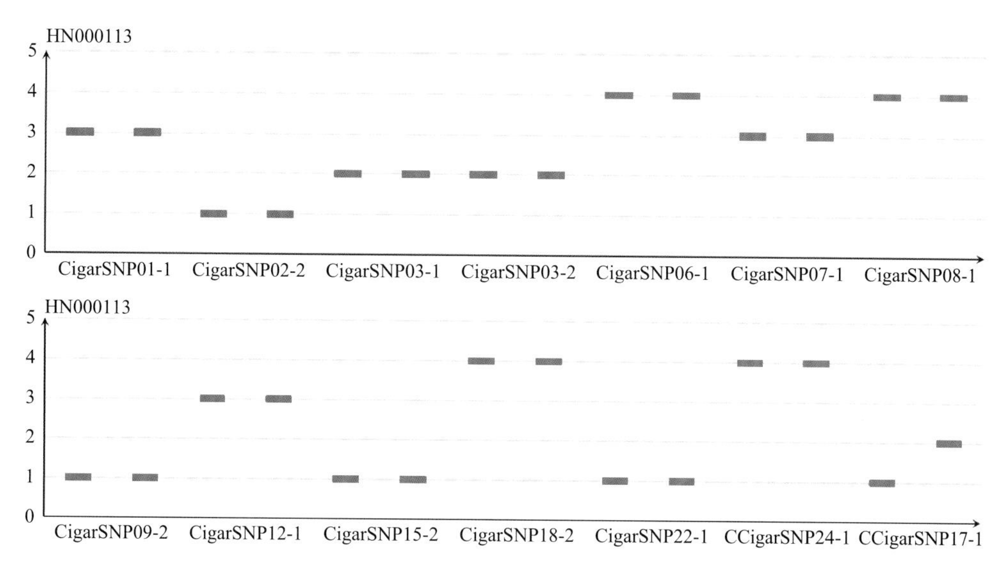

HN000113 的指纹图谱

HN000113 的条形码身份证

HN000113 的二维码身份证

HN000121

种质来源：2018 年收集的黑龙江省地方晒烟种质资源。

特征特性：株型塔形，叶面平整，叶形长卵圆，叶尖渐尖，叶缘微波，叶色浅绿，叶耳大，叶片主脉粗，花序密集、菱形，花色淡红，株高 144.20 cm，茎围 7.00 cm，节距 4.54 cm，叶数 20.80 片，腰叶长 49.70 cm，腰叶宽 21.70 cm，无叶柄，主侧脉夹角 72.06°，支脉数 10.80 条，茎叶夹角 54.32°，腰叶下部、中部、上部厚度分别为 0.304 mm、0.376 mm、0.412 mm，腰叶支脉下部、中部、上部粗细分别为 1.236 mm、1.788 mm、0.906 mm，移栽至现蕾天数为 52 d，移栽至中心花开放天数为 68 d。

外观质量：原烟呈红褐色，成熟度为完熟，叶片结构稍密，身份稍厚，油分稍有，色度中，脉叶色泽较一致。

适宜类型：茄芯。

分子指纹特征码：33222222441144113322233554412（与下面的指纹图谱相对应）。

种质资源身份证：040900DS2320183322222244114411332223355 4412F。

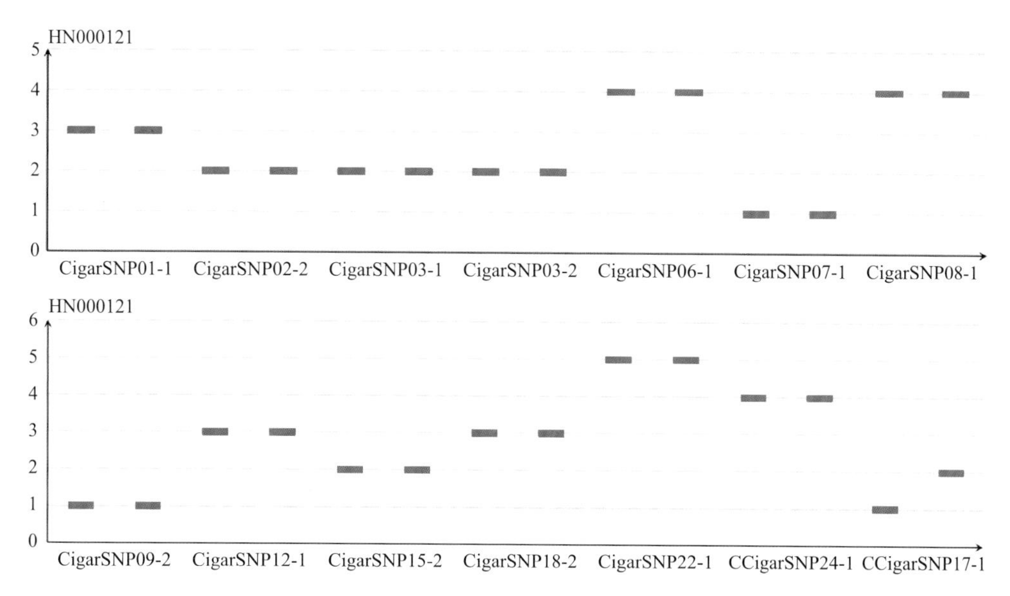

HN000121 的指纹图谱

HN000121 的条形码身份证

HN000121 的二维码身份证

HN000122

种质来源：2018 年收集的黑龙江省晒烟种质资源。

特征特性：株型塔形，叶面皱，叶形卵圆，叶尖渐尖，叶缘皱折，叶色浅绿，叶耳无，叶片主脉中等粗细，花序密集、球形，花色淡红，株高 170.60 cm，茎围 8.30 cm，节距 5.90 cm，叶数 24.20 片，腰叶长 50.20 cm，腰叶宽 28.70 cm，叶柄 7.50 cm，主侧脉夹角 58.66°，支脉数 8.80 条，茎叶夹角 46.36°，腰叶下部、中部、上部厚度分别为 0.298 mm、0.346 mm、0.344 mm，腰叶支脉下部、中部、上部粗细分别为 2.446 mm、1.924 mm、0.836 mm，移栽至现蕾天数为 78 d，移栽至中心花开放天数为 84 d。

外观质量：原烟呈红褐色，成熟度为完熟，叶片结构稍密，身份稍厚，油分稍有，色度中，脉叶色泽一致性一般。

适宜类型：茄芯。

分子指纹特征码：3311122244114411441144112212（与下面的指纹图谱相对应）。

种质资源身份证：040900XS2320183311122244114411441144112212F。

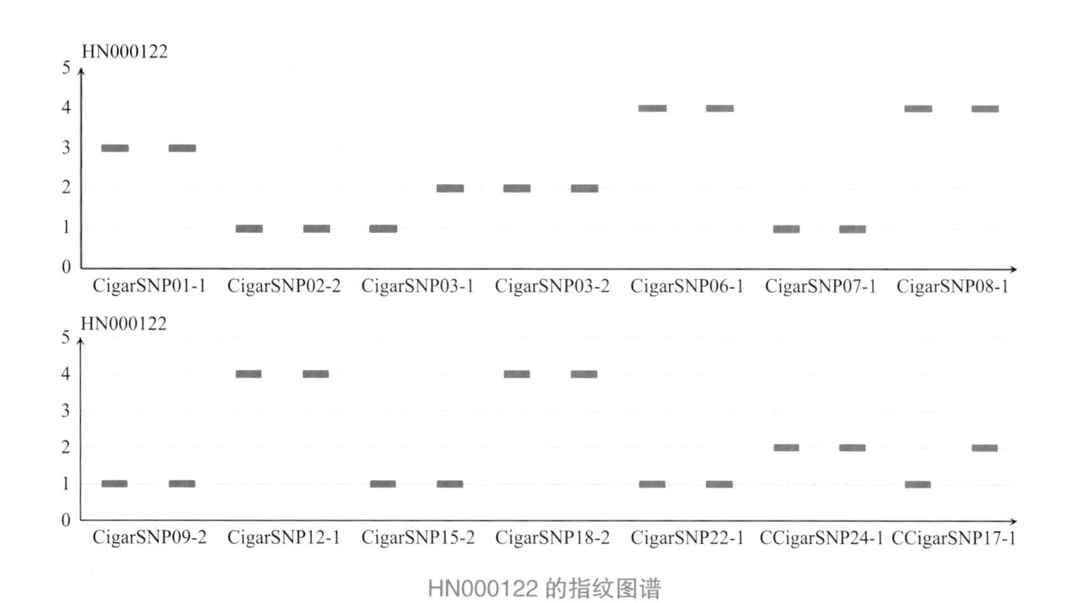

HN000122 的指纹图谱

040900XS2320183311122244114411441144112212F

HN000122 的条形码身份证

HN000122 的二维码身份证

HN000006

种质来源：2016 年收集的山东省烤烟种质资源。

特征特性：株型塔形，叶面较平，叶形长椭圆，叶尖渐尖，叶缘微波，叶色浅绿，叶耳小，叶片主脉中等粗细，花序密集、菱形，花色淡红，株高 212.60 cm，茎围 7.60 cm，节距 6.24 cm，叶数 29.20 片，腰叶长 62.30 cm，腰叶宽 25.60 cm，无叶柄，主侧脉夹角 68.48°，支脉数 13.40 条，茎叶夹角 65.96°，腰叶下部、中部、上部厚度分别为 0.292 mm、0.354 mm、0.324 mm，腰叶支脉下部、中部、上部粗细分别为 1.416 mm、1.798 mm、0.708 mm，移栽至现蕾天数为 81 d，移栽至中心花开放天数为 85 d。

外观质量：原烟呈黄褐色，成熟度为尚熟，叶片结构紧密，身份稍厚，油分稍有，色度中，脉叶色泽一致性一般。

适宜类型：茄芯。

分子指纹特征码：1122112233113311441133442222（与下面的指纹图谱相对应）。

种质资源身份证：040900XK37201611221122331133114411334422222F。

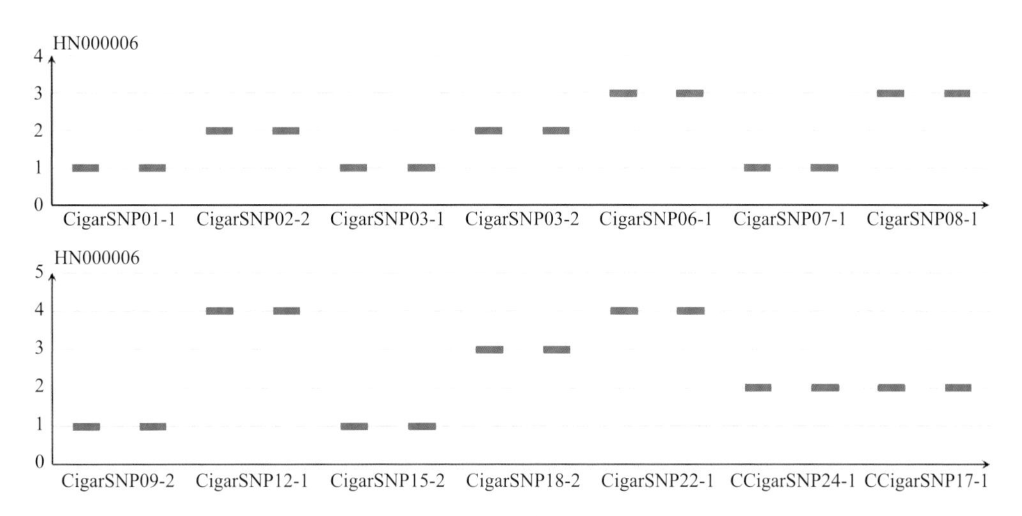

HN000006 的指纹图谱

HN000006 的条形码身份证

HN000006 的二维码身份证

HN000007

种质来源：2016 年收集的山东省烤烟种质资源。

特征特性：株型塔形，叶面较平，叶形长椭圆，叶尖渐尖，叶缘微波，叶色绿，叶耳小，叶片主脉粗，花序密集、菱形，花色淡红，株高 212.60 cm，茎围 9.20 cm，节距 6.76 cm，叶数 25.20 片，腰叶长 70.75 cm，腰叶宽 34.50 cm，无叶柄，主侧脉夹角 67.34°，支脉数 11.00 条，茎叶夹角 48.12°，腰叶下部、中部、上部厚度分别为 0.362 mm、0.410 mm、0.354 mm，腰叶支脉下部、中部、上部粗细分别为 2.190 mm、2.228 mm、0.822 mm，移栽至现蕾天数为 79 d，移栽至中心花开放天数为 86 d。

外观质量：原烟呈黄褐色，成熟度为欠熟，叶片结构紧密，身份稍厚，油分稍有，色度弱，脉叶色泽一致性一般。

适宜类型：茄芯。

分子指纹特征码：11121111331333114411334422222（与下面的指纹图谱相对应）。

种质资源身份证：040900XK37201611121111331333114411334422222F。

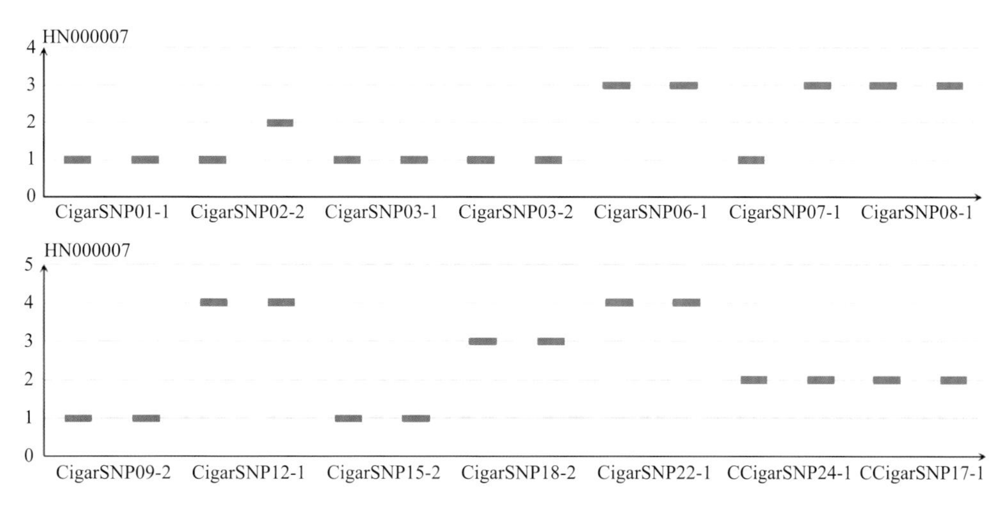

HN000007 的指纹图谱

HN000007 的条形码身份证

HN000007 的二维码身份证

HN000008

种质来源：2016 年收集的山东省烤烟种质资源。

特征特性：株型塔形，叶面较平，叶形椭圆，叶尖渐尖，叶缘微波，叶色绿，叶耳大，叶片主脉中等粗细，花序松散、菱形，花色淡红，株高 159.40 cm，茎围 8.90 cm，节距 4.32 cm，叶数 26.00 片，腰叶长 59.70 cm，腰叶宽 27.40 cm，无叶柄，主侧脉夹角 62.16°，支脉数 10.40 条，茎叶夹角 62.16°，腰叶下部、中部、上部厚度分别为 0.350 mm、0.352 mm、0.322 mm，腰叶支脉下部、中部、上部粗细分别为 1.958 mm、2.484 mm、0.770 mm，移栽至现蕾天数为 91 d，移栽至中心花开放天数为 97 d。

外观质量：原烟呈红褐色，成熟度为完熟，叶片结构紧密，身份稍厚，油分稍有，色度中，脉叶色泽一致性一般。

适宜类型：茄芯。

分子指纹特征码：11111111333334455331144442222（与下面的指纹图谱相对应）。

种质资源身份证：040900XK372016111111113333344553311444422222F。

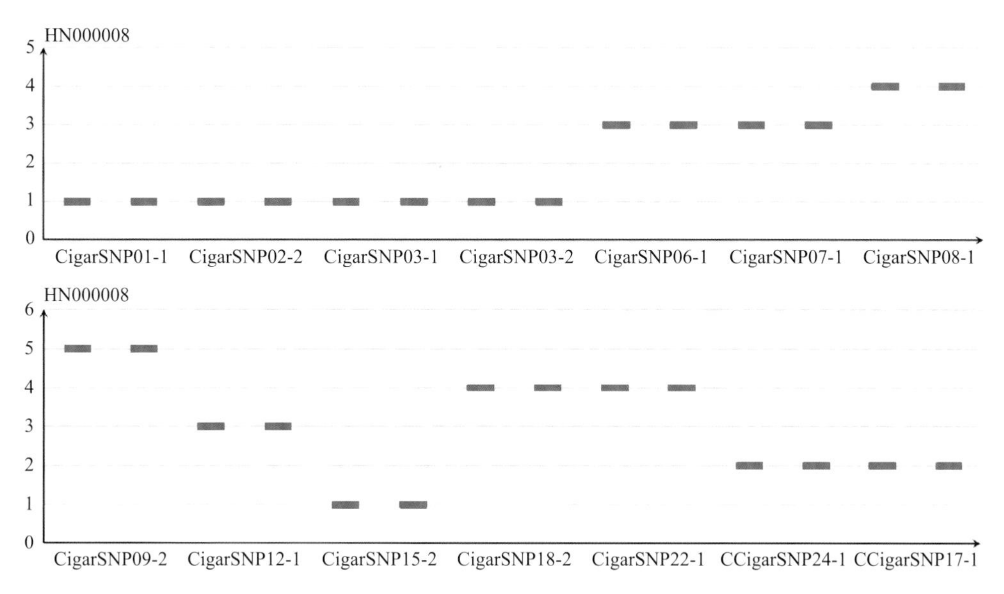

HN000008 的指纹图谱

HN000008 的条形码身份证

HN000008 的二维码身份证

HN000011

种质来源：2018 年收集的黑龙江省烤烟种质资源。

特征特性：株型塔形，叶面皱，叶形长椭圆，叶尖渐尖，叶缘波浪，叶色深绿，叶耳中，叶片主脉中等粗细，花序密集、球形，花色淡红，株高 143.00 cm，茎围 6.50 cm，节距 5.46 cm，叶数 20.40 片，腰叶长 60.50 cm，腰叶宽 25.10 cm，无叶柄，主侧脉夹角 52.66°，支脉数 12.60 条，茎叶夹角 31.00°，腰叶下部、中部、上部厚度分别为 0.296 mm、0.384 mm、0.338 mm，腰叶支脉下部、中部、上部粗细分别为 1.328 mm、1.706 mm、0.870 mm，移栽至现蕾天数为 70 d，移栽至中心花开放天数为 76 d。

外观质量：原烟呈红褐色，成熟度为尚熟，叶片结构稍密，身份稍薄，油分有，色度中，脉叶色泽一致。

适宜类型：茄芯。

分子指纹特征码：1155115533333311441133442222（与下面的指纹图谱相对应）。

种质资源身份证：040900XK2320181155115533333311441133442222F。

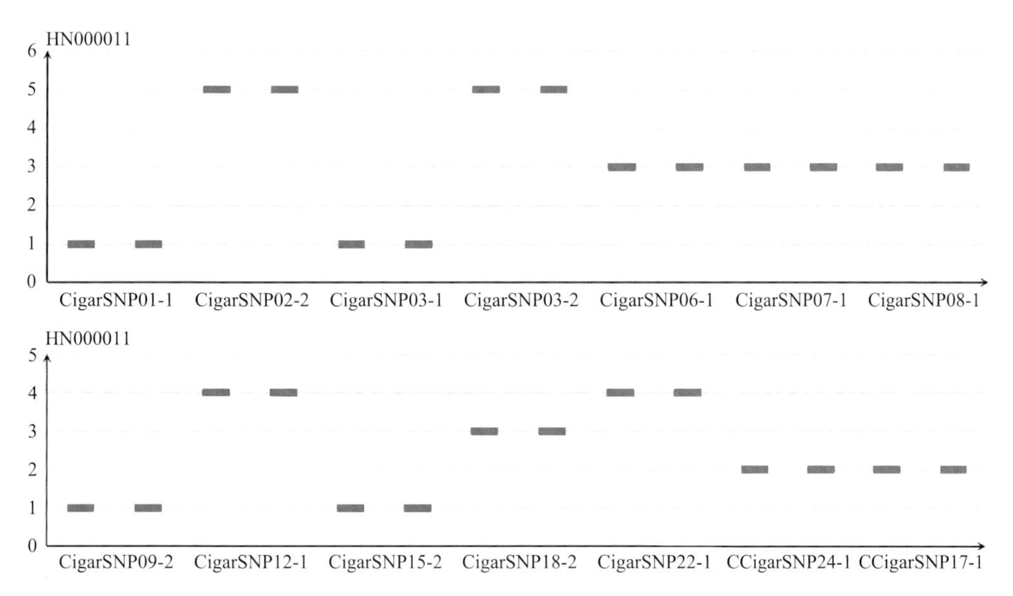

HN000011 的指纹图谱

HN000011 的条形码身份证

HN000011 的二维码身份证

HN000123

种质来源：2017 年引进的国外香料烟种质资源。

特征特性：株型筒形，叶面较平，叶形长卵圆，叶尖渐尖，叶缘微波，叶色绿，叶耳小，叶片主脉细，花序密集、球形，花色淡红，株高 116.80 cm，茎围 5.10 cm，节距 5.12 cm，叶数 22.00 片，腰叶长 42.30 cm，腰叶宽 18.30 cm，无叶柄，主侧脉夹角 70.58°，支脉数 10.40 条，茎叶夹角 66.08°，腰叶下部、中部、上部厚度分别为 0.328 mm、0.388 mm、0.388 mm，腰叶支脉下部、中部、上部粗细分别为 1.116 mm、1.132 mm、0.742 mm，移栽至现蕾天数为 48 d，移栽至中心花开放天数为 59 d。

适宜类型：茄芯。

分子指纹特征码：331122553313334133114455 2212（与下面的指纹图谱相对应）。

种质资源身份证：040900YX00201733112255331333413311445522 12F。

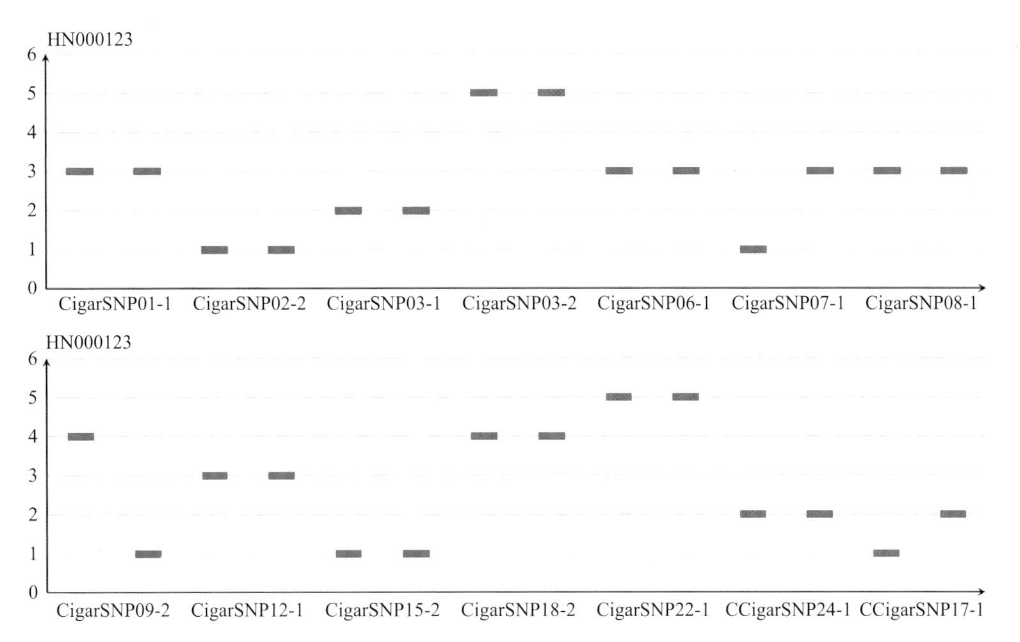

HN000123 的指纹图谱

HN000123 的条形码身份证

HN000123 的二维码身份证

HN000124

种质来源：2017 年引进的国外香料烟种质资源。

特征特性：株型筒形，叶面较皱，叶形长卵圆，叶尖渐尖，叶缘波浪，叶色深绿，叶耳大，叶片主脉粗，花序密集、球形，花色淡红，株高 182.80 cm，茎围 6.80 cm，节距 7.74 cm，叶数 21.60 片，腰叶长 49.20 cm，腰叶宽 19.50 cm，无叶柄，主侧脉夹角 66.68°，支脉数 10.20 条，茎叶夹角 82.00°，腰叶下部、中部、上部厚度分别为 0.328 mm、0.366 mm、0.390 mm，腰叶支脉下部、中部、上部粗细分别为 1.698 mm、1.870 mm、1.004 mm，移栽至现蕾天数为 60 d，移栽至中心花开放天数为 68 d。

外观质量：原烟呈红褐色，成熟度为完熟，叶片结构稍密，身份适中，油分多，色度浓，脉叶色泽一致。

适宜类型：茄芯。

分子指纹特征码：331111114411334444114414221 2（与下面的指纹图谱相对应）。

种质资源身份证：040900YX00201733111111441133444411441422 12F。

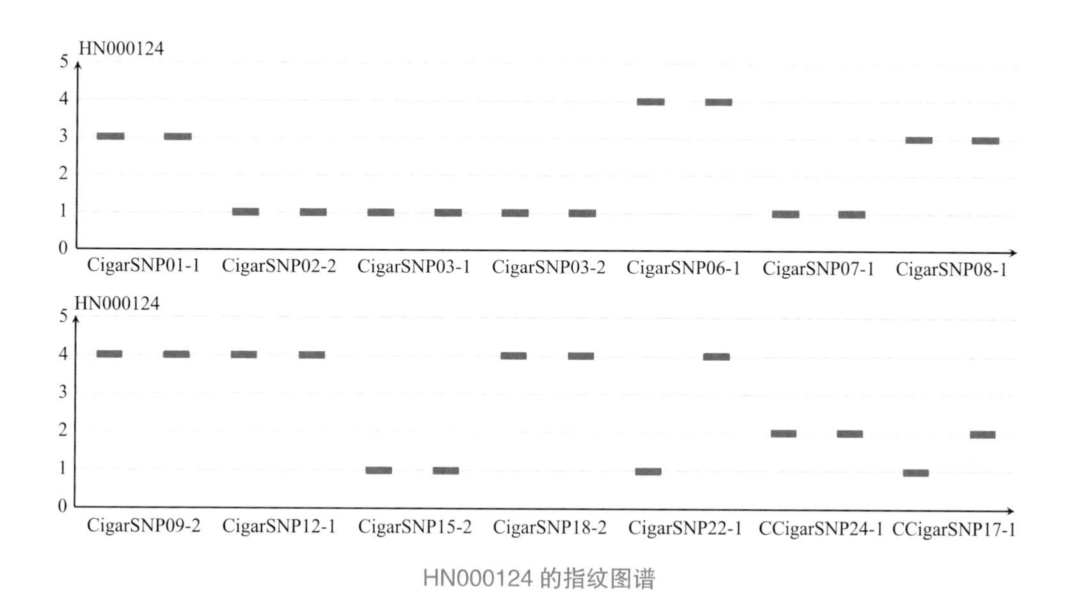

HN000124 的指纹图谱

040900YX0020173311111144113344441144142212F

HN000124 的条形码身份证

HN000124 的二维码身份证

HN000126

种质来源：2017 年引进的国外香料烟种质资源。

特征特性：株型筒形，叶面较皱，叶形心脏形，叶尖渐尖，叶缘微波，叶色绿，无叶耳，叶片主脉细，花序密集、菱形，花色淡红，株高 116.20 cm，茎围 5.30 cm，节距 6.88 cm，叶数 14.40 片，腰叶长 35.10 cm，腰叶宽 23.10 cm，叶柄 4.20 cm，主侧脉夹角 64.68°，支脉数 11.00 条，茎叶夹角 98.40°，腰叶下部、中部、上部厚度分别为 0.404 mm、0.428 mm、0.418 mm，腰叶支脉下部、中部、上部粗细分别为 1.720 mm、1.546 mm、0.880 mm，移栽至现蕾天数为 48 d，移栽至中心花开放天数为 52 d。

外观质量：原烟呈红褐色，成熟度为完熟，叶片结构稍密，身份适中，油分多，色度浓，脉叶色泽较一致。

适宜类型：茄芯。

分子指纹特征码：1111221144114411332244112212（与下面的指纹图谱相对应）。

种质资源身份证：040900YX0020171111221144114411332244112212F。

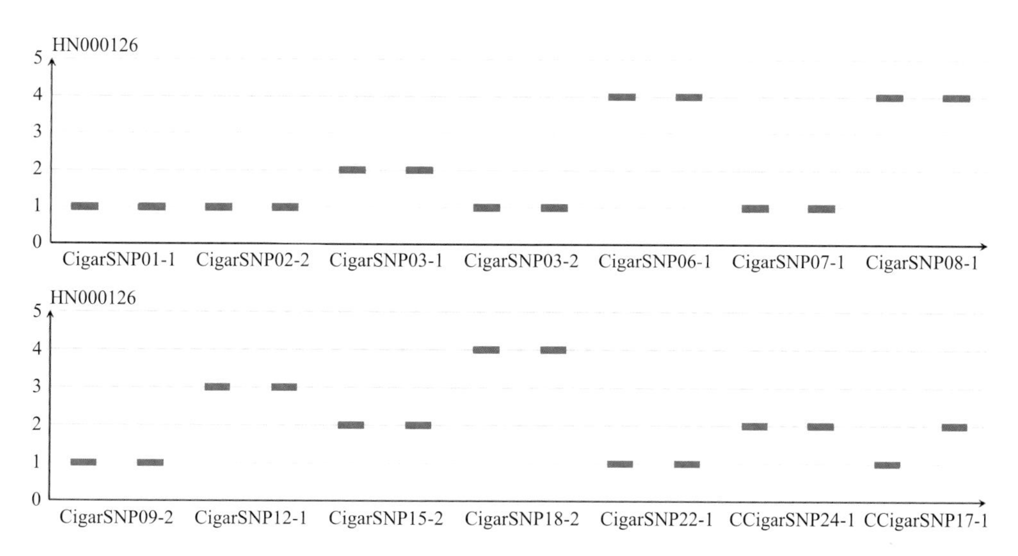

HN000126 的指纹图谱

HN000126 的条形码身份证

HN000126 的二维码身份证

HN000127

种质来源：2017 年引进的国外香料烟种质资源。

特征特性：株型筒形，叶面较平，叶形宽椭圆，叶尖渐尖，叶缘平滑，叶色绿，叶耳小，叶片主脉中等粗细，花序密集、倒圆锥形，花色淡红，株高 123.8 cm，茎围 5.50 cm，节距 4.96 cm，叶数 15.80 片，腰叶长 30.50 cm，腰叶宽 21.00 cm，叶柄 3.50 cm，主侧脉夹角 72.62°，支脉数 10.40 条，茎叶夹角 66.76°，腰叶下部、中部、上部厚度分别为 0.406 mm、0.398 mm、0.420 mm，腰叶支脉下部、中部、上部粗细分别为 1.378 mm、1.138 mm、0.718 mm，移栽至现蕾天数为 55 d，移栽至中心花开放天数为 58 d。

外观质量：原烟呈红褐色，成熟度为完熟，叶片结构紧密，身份稍厚，油分稍有，色度中，脉叶色泽较一致。

适宜类型：茄芯。

分子指纹特征码：11112222445533444422244112222（与下面的指纹图谱相对应）。

种质资源身份证：040900YX00201711112222445533444422244112222F。

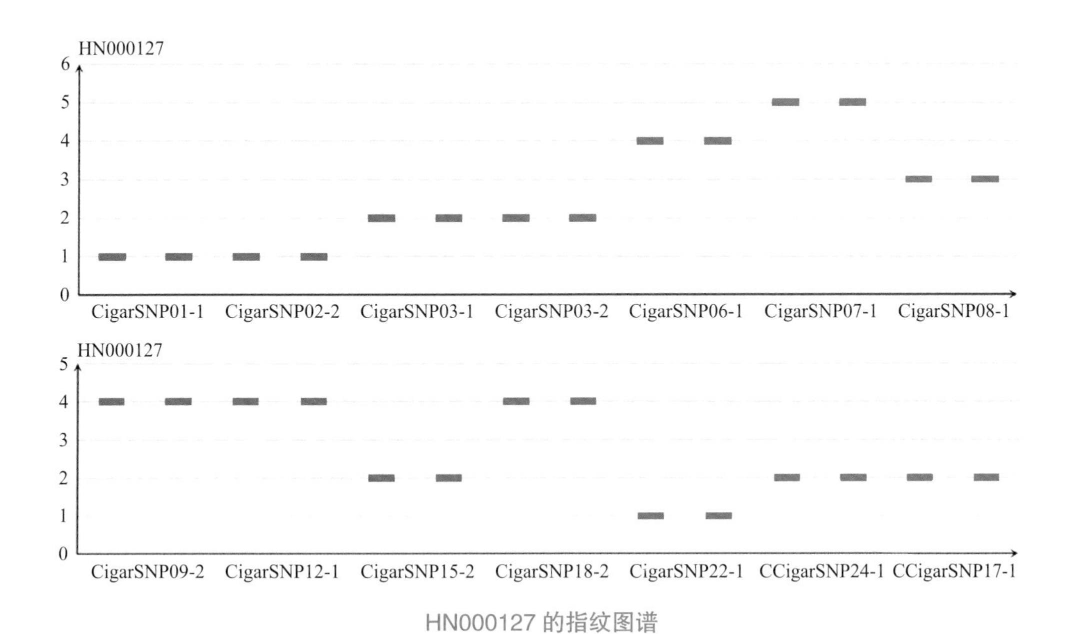

HN000127 的指纹图谱

HN000127 的条形码身份证

HN000127 的二维码身份证

附录　雪茄烟种质真实性鉴定调查记载标准及SNP分子标记法

烟草作为我国重要的经济作物之一，种植范围十分广泛，但我国具有自主知识产权的雪茄烟品种十分匮乏，尤其是茄衣品种主要来自于国外引种。目前，我国雪茄烟种质资源仅占烟草种质资源的3%，并且由于我国雪茄烟种质资源引种渠道多元，保存较为分散，种质保存机构间相互引种且独立命名，存在种质重复引进、同种异名和异名同种等问题，给育种亲本选择、优异资源利用和新品种推广应用带来不便。因此，雪茄烟种质资源身份证的构建具有重要意义。SNP标记是近年来新发展的第三代分子标记，它是由基因组中单个碱基变异而产生的DNA序列多态性，包括核苷酸替换、单碱基的插入/缺失等，具有针对性强、变异来源丰富和潜在数量巨大等特点。利用SNP分子标记技术构建种质资源指纹图谱，可实现对雪茄烟的快速准确鉴定。同时在简化基因组测序、SNP引物筛选和鉴定等工作的基础上，提出了利用KASP标记进行雪茄烟种质真实性鉴定的技术方法。

第一节　调查记载标准

一、植株

1.株型

于现蕾期上午10：00前观察，一般分塔形、筒形和橄榄形3种。

（1）塔形。叶片自下而上逐渐缩小。

（2）筒形。上、中、下3个部分叶片大小近似。

（3）橄榄形。上下部叶片较小，中部较大。

2.株高

于第1青果期调查，采用杆尺，自垄背量至第1青果柄基部的长度。单位为cm。

3. 茎围

于第 1 青果期调查，采用软（皮）尺，测量株高 1/3 处茎的周长。单位为 cm。

4. 节距

于第 1 青果期调查，采用钢卷尺，测量株高 1/3 处上下各 5 个叶位（共 10 个节距）的平均长度。单位为 cm。

5. 茎叶角度

在现蕾期于上午 10：00 前，用量角器测量中部叶片在茎上的着生角度。

二、叶片

1. 叶数

于中部叶工艺成熟期调查，计数植株基部至中心花以下第 5 花枝处的着生叶片数。

2. 叶片大小

包括叶长和叶宽，于中部叶工艺成熟期，采用钢卷（直）尺，分别测量茎叶连接处至叶尖的直线长度及与主脉垂直的叶面最宽处的长度。单位为 cm。

3. 叶形

根据叶片最宽处的位置和长宽比例而定，一般以成熟叶为准。

（1）宽椭圆（叶片最宽处在中部，长宽比为 1.6~1.9 ： 1）。

（2）椭圆（叶片最宽处在中部，长宽比为 1.9~2.2 ： 1）。

（3）长椭圆（叶片最宽处在中部，长宽比为 2.2~3.0 ： 1）。

（4）宽卵圆（叶片最宽处在基部，长宽比为 1.2~1.6 ： 1）。

（5）卵圆（叶片最宽处在基部，长宽比为 1.6~2.0 ： 1）。

（6）长卵圆（叶片最宽处在基部，长宽比为 2.0~3.0 ： 1）。

（7）心脏形（叶片最宽处在基部，叶基近中脉处呈凹陷状，长宽比为 1~1.5 ： 1）。

（8）披针形（叶片最宽处在基部，长宽比为 3 倍以上）。

4. 叶片性状描述

（1）叶柄。分有和无 2 种，有柄的加注叶柄长度。单位为 cm。

（2）叶尖。分钝尖、渐尖、急尖及尾状 4 种。

（3）叶面。分平、较平、较皱及皱 4 种。

（4）叶缘。分平滑、微波、波浪、皱折及锯齿 5 种。

（5）叶色。分浅绿、黄绿、绿及深绿 4 种。

（6）叶耳。分无、小、中及大 4 种。

（7）支脉数。于中部叶工艺成熟期调查，计数中部叶的支脉数量。

（8）支脉粗细。用游标卡尺分别测量中部叶片上、中、下 3 个部位的支脉直径。单位为 mm。

（9）叶片厚薄。用测厚仪分别测量中部叶片的上、中、下 3 个部位的叶片厚度。单位为 mm。

（10）主侧脉夹角。用量角器测量中部叶片主侧脉夹角。

三、花

1. 花序密度

于群体 50% 植株盛花时期，记载花序的松散或密集程度。

2. 花序形状

分球形、扁球形、倒圆锥形及菱形 4 种。

3. 花色

分白、黄、淡红、红及深红 5 种。

四、生育期

1. 移栽至现蕾天数

大田移栽期至现蕾期的天数。单位为 d。

2. 移栽至中心花开放天数

大田移栽期至中心花开放的天数。单位为 d。

五、质量

1. 原烟外观质量鉴定

（1）原烟颜色。分柠檬黄、青黄、橘黄、微带青、淡棕、棕色、红棕及褐色。

（2）原烟色度。分浓、强、中、弱及淡。

（3）原烟结构。分疏松、尚疏松、稍密及紧密。

（4）原烟身份。分薄、稍薄、中等、稍厚及厚。

（5）原烟油分。分少、稍有、有及多。

2. 化验分析

包括分析总糖、还原糖、总氮、烟碱、钾及氯等，计算两糖差、两糖比、钾氯比、总糖烟碱比、总氮烟碱比和还原糖烟碱比等。

第二节　SNP分子标记法

一、样品准备

受检样品可为烟草的幼苗和幼嫩叶片等。种子发芽按 GB/T 3543.4 规定执行，样品纯度应符合 GB 4407.1。以受检样品种质的标准样品作为对照。

二、SNP标记扩增分析

（1）雪茄烟基因组 DNA 提取。每份样品检测 10 个个体，利用 CTAB 法（第一章）分单株提取基因组 DNA。

（2）PCR 扩增及数据读取。利用 14 对 SNP 核心引物（见下页附表）逐一对受检样品和标准样品各单株 DNA 进行扩增。PCR 扩增反应体系、反应程序参见第一章。

三、数据读取

反应结束后，采用荧光微孔板检测仪检测 PCR 产物，使用 SNPviewer 读取检测数据。

四、判定标准

按上述方法分别统计受检样品和标准样品在 14 对 SNP 核心引物上的基因型，若

——差异位点数 >2，判定为不同种质；

——差异位点数 =1 或 2，判定为相近种质；

——差异位点数 =0，判定为相同种质或极相近种质。

附表　14 对 SNP 核心引物信息

序号	引物名称	染色体	F-上游引物 R-上游引物	Ref	Alt
1	CigarSNP01-1	Nt01	F-GAAGGTGACCAAGTTCATGCTTCGAAAAGATCAAACATCAAAGGGAAATAT R-GAAGGTCGGAGTCAACGGATTCGAAAAGATCAAACATCAAAGGGAAATAG	A	C
2	CigarSNP02-2	Nt02	F-GAAGGTGACCAAGTTCATGCTTGTATTAGCAGCTTATGCGTCTCTC R-GAAGGTCGGAGTCAACGGATTGTGTATTAGCAGCTTATGCGTCTCTT	G	A
3	CigarSNP03-1	Nt03	F-GAAGGTGACCAAGTTCATGCTATCATCACACAATGCAGGAAAATCAATTAT R-GAAGGTCGGAGTCAACGGATTCATCACACAATGCAGGAAAATCAATTAC	A	G
4	CigarSNP03-2	Nt03	F-GAAGGTGACCAAGTTCATGCTTTCAAGTTTCAAGCTTTAAATTGGGAACTA R-GAAGGTCGGAGTCAACGGATTCAAGTTTCAAGCTTTAAATTGGGAACTG	A	G
5	CigarSNP06-1	Nt06	F-GAAGGTGACCAAGTTCATGCTCCAAACTCAAAGTTCAATCACTGC R-GAAGGTCGGAGTCAACGGATTGCCAAACTCAAAGTTCAATCACTGT	C	T
6	CigarSNP07-1	Nt07	F-GAAGGTGACCAAGTTCATGCTCCCCAAAAGCACAACATTCGAAATAC R-GAAGGTCGGAGTCAACGGATTTCCCCAAAAGCACAACATTCGAAATAA	C	A
7	CigarSNP08-1	Nt08	F-GAAGGTGACCAAGTTCATGCTTCATGGAAATTTGGGACATAACTATTCG R-GAAGGTCGGAGTCAACGGATTATTCATGGAAATTTGGGACATAACTATTCA	C	T
8	CigarSNP09-2	Nt09	F-GAAGGTGACCAAGTTCATGCTCTAAAGGACAACAATTTGATACATTTGACT R-GAAGGTCGGAGTCAACGGATTCTAAAGGACAACAATTTGATACATTTGACA	A	T

附表　（续）

序号	引物名称	染色体	F-上游引物 R-上游引物	Ref	Alt
9	CigarSNP12-1	Nt12	F-GAAGGTGACCAAGTTCATGCTATTGATTATTTTGGTCCTCCAGTTCCA R-GAAGGTCGGAGTCAACGGATTTGATTATTTTGGTCCTCCAGTTCCG	T	C
10	CigarSNP15-2	Nt15	F-GAAGGTGACCAAGTTCATGCTTGAAGAACAGAATGGAGCAAGAGGA R-GAAGGTCGGAGTCAACGGATTAAGAACAGAATGGAGCAAGAGGG	A	G
11	CigarSNP18-2	Nt18	F-GAAGGTGACCAAGTTCATGCTGCGGTGGAACGGCGGATAC R-GAAGGTCGGAGTCAACGGATTGGCGGTGGAACGGCGGATAT	C	T
12	CigarSNP22-1	Nt22	F-GAAGGTGACCAAGTTCATGCTAGACCTTACCCCTACCTTTATGGA R-GAAGGTCGGAGTCAACGGATTAGACCTTACCCCTACCTTTATGGT	T	A
13	CCigarSNP24-1	Nt24	F-GAAGGTGACCAAGTTCATGCTCCAACGTTACTTGAATTATACAAGGGAT R-GAAGGTCGGAGTCAACGGATTCAACGTTACTTGAATTATACAAGGGAG	T	G
14	CCigarSNP17-1	Nt17	F-GAAGGTGACCAAGTTCATGCTTTCTAGATGAGTTATTTGAAGATGCAAATC R-GAAGGTCGGAGTCAACGGATTAATTCTAGATGAGTTATTTGAAGATGCAAATT	G	A

主要参考文献

蔡露，杨欢，王勇，等，2018. 利用GBS技术开发烟草SNP标记及遗传多样性分析[J]. 中国烟草科学，39（5）：20-27.

陈栋，李猛，王荣浩，等，2019. 国产雪茄茄芯烟叶研究进展[J]. 扬州大学学报（农业与生命科学版），40（1）：83-90.

陈芳，徐世晓，李晓辉，等，2019. 基于SSR标记的80份烟草种质指纹图谱的构建及遗传多样性分析[J]. 作物杂志，45（1）：22-31.

陈荣平，冯春才，王春军，等，2009. 部分烟草种质资源的PVY抗性鉴定[J]. 中国烟草科学，30（Z1）：56-58，63.

陈思平，2017. 基于KASP的水稻基因组SNP标记开发及其育种应用[D]. 广州：华南农业大学.

陈重明，陈迎晖，2001. 烟草的历史[J]. 中国野生植物资源，20（5）：30-33.

程萌杰，闫双勇，施利利，等，2018. 利用KASP标记评价水稻品种多态性[J]. 天津农学院学报，25（4）：17-20，27.

方敦煌，陈学军，肖炳光，等，2016. 231份烤烟种质主要化学成分和农艺性状的遗传多样性分析[J]. 分子植物育种，14（11）：3240-3254.

郭萌萌，周延清，段红英，等，2019. 基于地黄转录组数据的SNP标记开发与地黄指纹图谱构建[J]. 生物技术通报，35（11）：224-230.

张成海，郭卫华，罗秋科，等，2000. 快速响应矩阵码：GB/T 18284—2000[S]. 北京：国家质量监督检验检疫总局：1-48.

郭卫华，张成海，李素彩，等，2001. 128条码：GB/T 18347—2001[S]. 北京：国家质量监督检验检疫总局：1-11.

何青，周宁波，2018. 国产雪茄烟高质量发展路径探讨[J]. 时代经贸（31）：40-45.

贾玉红，曾代龙，雷金山，等，2014. 世界雪茄烟叶主要产区和质量特征[J]. 魅力中国，33（16）：383-384.

江鸿，肖勇，杨兴有，等，2019. 关于美洲雪茄烟品种在四川万源的种植探索研究[J]. 四川农业科技（8）：13-15.

金敖熙，1978. 雪茄烟浅说[J]. 烟草科技，11（2）：37-40.

鞠馥竹，赵文涛，刘元德，等，2019. 不同产区晾晒烟资源多样性的鉴定与评价[J]. 中国烟草科学，40（2）：8-15.

匡猛，2016. 基于SSR与SNP标记的棉花品种鉴定与指纹库构建研究[D]. 保定：河北农业大学.

李爱军，秦艳青，代惠娟，等，2012. 国产雪茄烟叶科学发展刍议[J]. 中国烟草学报，18（1）：112-114.

李辉，李德芳，向世鹏，2019. 地方晒烟种质资源遗传多样性分析与评价[J]. 云南农业大学学报（自然科学），34（6）：915-921.

李军华，唐杰，梁坤，等，2015. 印尼与国内雪茄烟叶主要化学成分差异分析[J]. 浙江农业科学，1(7)：1080-1083.
李乐晨，朱国忠，苏秀娟，等，2019. 适于海岛棉指纹图谱构建的SNP核心位点筛选与评价[J]. 作物学报，45(5)：647-655.
李秀妮，闫铁军，吴风光，等，2019. 全球主要产地雪茄烟叶的风味特征初探[J]. 中国烟草学报，25(6)：126-132.
李志远，2018. KASP标记用于甘蓝指纹图谱构建及杂种优势群划分[D]. 北京：中国农业科学院.
梁景霞，祁建民，方平平，等，2008. 烟草种质资源遗传多样性与亲缘关系的ISSR聚类分析[J]. 中国农业科学，41(1)：286-294.
梁明山，刘煜，侯留记，等，2001. 烟草品种的DNA指纹图谱和品种鉴定[J]. 烟草科技，34(1)：34-37.
刘国顺，2003. 烟草栽培学[M]. 北京：中国农业出版社：35-40.
刘国祥，邹昆晏，任民，等，2018. 77份新收集烟草种质资源的鉴定评价与整理编目[J]. 植物遗传资源学报，19(2)：212-224.
刘丽华，刘阳娜，张明明，等，2020. 我国75份小麦品种SNP和SSR指纹图谱构建与比较分析[J]. 中国农业科技导报，22(5)：20-28.
陆海燕，周玲，林峰，等，2019. 基于高通量测序开发玉米高效KASP分子标记[J]. 作物学报，45(6)：872-878.
秦艳青，李爱军，范静苑，等，2012. 优质雪茄茄衣生产技术探讨[J]. 江西农业学报，24(7)：101-103.
邱福林，庄杰云，华泽田，等，2005. 北方杂交粳稻骨干亲本遗传差异的SSR标记检测[J]. 中国水稻科学，19(2)：101-104.
屈旭，焦禹顺，李毅君，等，2018. 湖南地区新收集烟草种质资源的鉴定与遗传多样性分析[J]. 植物遗传资源学报，19(6)：1117-1125.
曲振明，2007. 中国雪茄烟生产的形成与发展[J]. 湖南烟草(5)：60-62.
任民，程立锐，刘旦，等，2018. 基于RAD重测序技术开发烟草品种SNP位点[J]. 中国烟草科学，39(3)：10-17.
任民，王志德，牟建民，等，2009. 我国烟草种质资源的种类与分布概况[J]. 中国烟草科学，30(Z1)：8-14.
任天宝，阎海涛，王新发，等，2017. 印尼雪茄烟叶生产技术考察及对中国雪茄发展的启示[J]. 热带农业科学，37(3)：89-93.
芮文婧，2018. 基于表型性状与SNP标记的番茄种质资源遗传多样性分析[D]. 银川：宁夏大学.
宋婉，续九如，2000. 果树种质资源鉴定及DNA指纹图谱应用研究进展[J]. 北京林业大学学报，22(1)：76-80.
孙敬国，矣跃平，唐徐红，等，2012. 烟草指纹图谱技术的研究进展和展望[J]. 湖北农业科学，51(11)：2164-2168.
孙九喆，杨金初，苏东赢，等，2019. 基于SSR标记的初烤烟叶品种快速鉴别[J]. 烟草科技，52(3)：32-38.
孙延国，刘好宝，高华军，等，2019. 移栽期对海南雪茄外包皮烟叶生长发育及产量品质的影响[J]. 中国烟草科学，40(3)：91-98.
陶健，刘好宝，辛玉华，等，2016. 古巴Pinar del Rio省优质雪茄烟种植区主要生态因子特征研究[J]. 中国烟草学报，22(4)：62-69.
滕海涛，吕波，赵久然，等，2009. 利用DNA指纹图谱辅助植物新品种保护的可能性[J]. 生物技术通报，25(1)：1-6.
童治军，2012. 烟草微卫星标记的开发与应用[D]. 杭州：浙江大学.
童治军，陈学军，方敦煌，等，2017. 231份烤烟种质资源SSR标记遗传多样性及其与农艺性状和化学成分的关联分析[J]. 中国烟草学报，23(5)：31-40.
王浩雅，左兴俊，孙福山，等，2009. 雪茄烟外包叶的研究进展[J]. 中国烟草科学，30(5)：71-76.
王学文，2012. SSR和SNP遗传分子标记与作物分子育种[C]//中国遗传学会，河南遗传学会，黑龙江遗传学会，等. 遗传学进步促进粮食安全与人口健康高峰论坛论文集. 北京：中国遗传学会专业委员会：4.
王琰琰，刘国祥，向小华，等，2020. 国内外雪茄烟主产区及品种资源概况[J]. 中国烟草科学，41(3)：93-98.
王志德，王元英，牟建民，2006. 烟草种质资源描述规范和数据标准[M]. 北京：中国农业出版社：9-30.
魏庆镇，王五宏，胡天华，等，2019. 浙茄类型茄子品种DNA指纹图谱构建[J]. 浙江农业学报，31(11)：1863-1870.
魏中艳，李慧慧，李骏，等，2018. 应用SNP精准鉴定大豆种质及构建可扫描身份证[J]. 作物学报，44(3)：315-323.
伍发明，乔保明，刘学兵，等，2019. 打顶期对恩施烟区雪茄烟品种产质量的影响[J]. 安徽农业科学，47(13)：32-34.
肖炳光，邱杰，曹培健，等，2014. 利用基因组简约法开发烟草SNP标记及遗传作图[J]. 作物学报，40(3)：397-404.
徐军，2011. 烟草核心种质SSR指纹图谱构建及遗传多样性分析[D]. 北京：中国农业科学院.
许美玲，贺晓辉，宋玉川，等，2017. 72份雪茄烟种质资源的鉴定评价和聚类分析[J]. 中国烟草学报，23(5)：41-56.
许美玲，贺晓辉，宋玉川，等，2018. 76份雪茄烟资源鉴定评价[J]. 中国烟草学报，24(5)：14-22.
轩贝贝，胡利伟，田阳阳，等，2020. SSR与SRAP分子标记在烤后烟叶中的应用及烤烟遗传多样性分析[J]. 烟草科技，53(3)：1-9，35.
闫克玉，王光耀，许志杰，等，2008. 指纹图谱技术在烟草行业中的应用研究进展[J]. 郑州轻工业学院学报：自然科学版，23(1)：6-10.
杨剑波，2015. 棉花品种SSR指纹图谱及身份证构建[M]. 合肥：安徽科学技术出版社.
杨剑波，2017. 小麦品种SSR指纹图谱及身份证[M]. 合肥：安徽科学技术出版社.
杨帅，2017. 烟草生物大数据平台的构建及应用[D]. 泰安：山东农业大学.
杨兴有，靳冬梅，李爱军，等，2017. 四川万源市烟区生态条件与雪茄烟叶质量分析[J]. 中国烟草学报，23(1)：69-76.
杨兴有，靳冬梅，宋世旭，等，2018. 引进雪茄烟品种在四川万源烟区的适应性评价[J]. 作物研究，32(6)：504-510.
张鸽，辛玉华，王娟，等，2017. 雪茄外包皮烟叶发酵研究进展[C]//中国烟草学会. 中国烟草学会学术年会优秀论文集. 北京：中国烟草专业委员会：3753-3767.
张剑锋，罗朝鹏，何声宝，等，2017. 应用SNP标记分析24份烟草品种的遗传多样性[J]. 烟草科技，50

（11）：6-13.

张锐新，任天宝，赵松超，等，2018. 晾制密度对雪茄烟中性致香成分的影响[J]. 天津农业科学，24（6）：49-52.

张兴伟，2013. 烟草基因组计划进展篇：4. 中国烟草种质资源平台建设[J]. 中国烟草科学，34（4）：112-113.

赵瑞，章存勇，徐云进，2015. 国内外不同雪茄茄芯原料主要化学成分与感官品质分析[J]. 南方农业，9（30）：252-253.

赵勇，刘晓冬，赵洪锟，等，2017. 大豆SNP分型方法的比较[J]. 分子植物育种，15（9）：3540-3546.

郑殿升，杨庆文，刘旭，2011. 中国作物种质资源多样性[J]. 植物遗传资源学报，2（4）：497-500，506.

FARIDUL I A S M，BLAIR M W，2018. Molecular characterization of mung bean germplasm from the USDA core collection using newly developed KASP-based SNP markers[J]. Crop science，58（4）：1659-1670.

HAMBLIN M T，WARBURTON M L，BUCKLER E S，2017. Empirical comparison of Simple Sequence Repeats and Single Nucleotide Polymorphisms in assessment of maize diversity and relatedness[J]. Plos one，2（12）：e1367.

HE C，HOLME J，ANTHONY J，2014. SNP genotyping：the KASP assay[J]. Methods in molecular biology（crop breeding），1145（1）：75-86.

JIANG P，SONG T，JIANG W，et al.，2018. SNP-Based Kompetitive Allele Specific PCR（KASP TM）method for the qualification and quantification of hop varieties[J]. Journal of the american society of brewing chemists，76（3）：185-189.

LEWIS R S，MILLA S R，LEVIN J S，2005. Molecular and genetic characterization of *Nicotiana glutinosa* L. chromosome segments in tobacco mosaic virus-resistant tobacco accessions[J]. Crop science，45（6）：2355-2362.

MAJEED U，DARWISH E，REHMAN S U，et al.，2018. Kompetitive Allele Specific PCR（KASP）：a singleplex genotyping Platform and its application[J]. Journal of agricultural science，11（1）：11-20.

RONCALLO P F，BEAUFORT V，LARSEN A O，et al.，2019. Genetic diversity and linkage disequilibrium using SNP（KASP）and AFLP markers in a worldwide durum wheat（*Triticum turgidum* L. var durum）collection[J]. Plos one，14（6）：e0218562.

SEMAGN K，BABU R，HEARNE S，et al.，2014. Single nucleotide polymorphism genotyping using Kompetitive Allele Specific PCR（KASP）：overview of the technology and its application in crop improvement[J]. Molecular breeding，33（1）：1-14.

VAN I D，MELCHINGER A E，LEBRETON C，et al.，2010. Population structure and genetic diversity in a commercial maize breeding program assessed with SSR and SNP markers[J]. Theoretical and applied genetics，120（7）：1289-1299.

YOON M S，SONG Q J，CHOI I Y，et al.，2007. BARCSoySNP23：a panel of 23 selected SNPs for soybean cultivar identification[J]. Theoretical and applied genetics，114（5）：885-899.